シリコンバレーのエンジニアはWeb3の未来に何を見るのか

元米マイクロソフトエンジニア・
起業家・エンジェル投資家

中島聡

SB Creative

はじめに――Ｗｅｂ３を巡る混乱

コンピュータやインターネットといったテクノロジーの分野では、日々新しい技術やサービスが誕生し続けています。

その中でも、「Ｗｅｂ３」ほど、賛否両論、喧々囂々（けんけんごうごう）の議論を呼んでいる言葉はないでしょう。

ある人たちは、Ｗｅｂ３はコンピュータやインターネットの未来そのものだと言います。何十兆円、何百兆円という規模の新しい産業が生まれるのだと。お金の流れを完全に透明化することで、国家や企業の支配から脱して、誰もが公平に恩恵を受けられる非中央集権の仕組みを作り上げるのだと言う人もいます。日本政府もこの流れに乗り遅れまいと、２０２２年６月にはＷｅｂ３推進の方針を明らかにしました。

別の人たちは、Ｗｅｂ３は詐欺だと言います。

今Ｗｅｂ３と銘打っているものは、大がかりなホラ話で投資を募ったり、ネズミ講まがいのいかがわしいサービスで消費者を騙しているだけじゃないかと。アメリカでは、２０２２年６月に、１５００人のコンピュータ科学者やソフトウェアエンジニアたちが、Ｗｅｂ３の誇大広告に踊らされてはならないと、議会に対して「責任あるフィンテック政策を支持する」（筆者訳）と題した公開書簡を送りました。[1] また、世界的にも、いわゆるＷｅｂ３業界への投資は２０２２年の夏以降急激に落ち込んでおり、「Ｗｅｂ３は冬の時代に入った」とも言われています。

いったいどちらの言い分が正しいのでしょうか？

Ｗｅｂ３はインターネットの未来、それとも詐欺のどちらなのでしょうか？　いや、そもそもＷｅｂ３とはいったい何なのでしょうか？

私は、１９７０年代からコンピュータに触れ始め、インターネットの普及やビジネスの隆盛を間近で見ていただけでなく、自分自身もプログラマーとしてソフトウェアを作り続けてきました。

そんな私も、当初はＷｅｂ３の喧噪からは距離を置いていました。暗号資産（仮想通貨、[2] 暗号通貨、クリプトともいわれます）が世間的な話題になり始めていた２０１４年頃に、根幹となるブロックチェーン技術の論文を読んで非常に面白いアイデアだと感心しましたが、それが暗号資産を悪用したマネーロンダリング[3]の手段以外に何の役に立つのかイメージできなかったのです。暗号資産の売買にもまったく興味を持てませんでした。

しかし、2021年以降、Ｗｅｂ3という言葉が世間的に注目を集めるようになりました。Ｗｅｂ3という用語は暗号資産業界（クリプト業界ともいう）がＷｅｂ3自体を世間に売り込みたいがためのマーケティングの側面が強いのですが、結果的にこのマーケティングは大成功し、各国の金融機関や政府もＷｅｂ3を無視できなくなりました。

私の周りでも、シリコンバレーなどで働いているプログラマーや起業家がＷｅｂ3を話題にすることが増えてきました。そうしたＩＴ分野に通じたエキスパートの間でも、Ｗｅｂ3に対する意見は割れています。夢中になってＷｅｂ3関連のプログラムを書くようになったプログラマーもいれば、ビジネスを立ち上げた起業家もいます。ただ、大方は先に挙げた一部の例のように、Ｗｅｂ3の熱狂を冷ややかに眺めているといったところでしょう。

1　Letter in Support of Responsible Fintech Policy (https://concerned.tech/)
2　当初日本では「virtual currency」を邦訳した仮想通貨と呼ばれていたが、国際的な議論の場で「crypt-asset」（暗号資産）という言葉が使われることが増え、暗号資産という言葉が使われるようになった。法的にも、2019年の資金決済法および金融商品取引法の改正法で名称が変わっている
3　資金洗浄：グレーあるいはブラックな手段で手にしたお金を合法的なもののように見せかける手口

これだけ話題になっているのであれば、さすがにＷｅｂ3が何なのか勉強しておこうか。そう思ってＷｅｂ3に取り組み始めたのが、2022年3月です。とはいっても、Ｗｅｂ3だとかスマートコントラクト[4]だとかについて、他人が書いた本を読んでもまったく腑に落ちません。上っ面の仕組みを難しげな用語でもっともらしく説明しているだけで、本質的なことは何も書かれていないのです。

やはり自分で手を動かすしかない。

コンピュータに限らず、私は何かを学ぶ際に必ず手を動かします。仕様書などの資料も参考にはしますが、自分なりに手を動かして試行錯誤しながらモノを作ることに勝る学習方法はありません。最初の1週間は従来のプログラミングとの違いに戸惑いましたが、Ｗｅｂ3の概念がつかめてくるに従い、面白さがわかってきました。それ以降はほかのことはそっちのけでＷｅｂ3でのプログラミングに没頭し、あっという間に時間がすぎました。

とにかく、Ｗｅｂ3という仕組み自体が面白い。Ｗｅｂ3のシステムは「**ワールドコンピュータ**」と呼ばれ、一言で説明するならば「**世界中のコンピュータをつなげる**

ことによって維持されている、どこの国にも規制・管理されず、個々が安全にデータを管理し、国を超えて生活を変えるような、世界そのものが一つのコンピュータになるシステム」です。そしてそのシステムの上では、**処理を自動化する「スマートコントラクト」**[4]といわれるものが動いています。これは、これまで私が携わってきたコンピュータとはまったく異なる仕組みです（詳細については後程解説します）。

最初のうちは面白いだけで、これでいったい何ができるのか見当がつきませんでしたが、あれこれスマートコントラクトを作っているうちに、Ｗｅｂ３の可能性が具体的に見えてきました。同時に、現在のＷｅｂ３業界でいかにいかがわしいビジネスが横行しているかということについても、はっきり見えてきたのです。外野からＷｅｂ３を見ていた時と、実際にＷｅｂ３のプログラムを書いてからでは目に見える景色が一変しました。

パソコンやスマホ、インターネット、そのほかあらゆる技術についていえることですが、その技術が本当に世の中の役に立つものだとわかった時に活躍できるのは、黎

4　決められた処理を自動化する仕組み。48ページ参照。

明期から「遊んで」いた人たちです。新しい技術が出始めた段階では、誰もその技術をどう使っていいのかなどわかりません。だけど、面白いからいじってみる。一銭にもならなくても何かを作ってみる。そういうことを繰り返していた人たちは、その技術が社会のメインストリームになった瞬間、スポットライトを浴びることになります。

なぜ、そんなことを言いきれるかといえば、私がパソコンの黎明期からGAFAMが覇権を握る時代まで、技術が変化する節目で常に、新しいソフトやサービスを開発し、成果を上げ続けてきたからです。一部をご紹介すると、たとえば、こんなものです。

・パソコンの黎明期・マウスが登場した時に、CADソフトを開発し、約3億円のロイヤリティを得る

・米マイクロソフト時代にWindows95の開発にチーフアーキテクト[5]として携わり、現在のWindowsOSにも搭載されている「右クリックメニュー（コンテキストメニュー）[6]」や「ドラッグ&ドロップ[7]」の機能を初めて実装した

・インターネットが登場した頃、Windows98の開発に携わり、いち早くOSとブラウザの統合を行なって、マイクロソフトが世界のインターネット市場で成長する基礎を築いた

・モバイルの市場が広がり始めた時、記憶容量が少なくて複雑な機能が使えない携帯電話へのソリューションを開発・起業し、352億円で売却できるところまで成長させた

・iPhoneが登場した初期に、写真を保存しシェアできるアプリを作成し、App StoreのSNS部門で2年間トップになる

逆にいえば、すでに成熟した分野に後から入って成功を収めるのは難しいものです。たとえば、今からユーチューブに対抗できる動画配信サービスを一から立ち上げて、大きくスケールさせるのは大変だということはおわかりでしょう。莫大な資金と、才能ある人々、そして時間をつぎ込んだとしても、はたして勝算があるかどうか。

そんな分の悪いチャレンジをするよりは、面白いと思える、可能性を感じる、黎明期の技術に早いうちに取り組んだほうがいい。私はWeb3の技術に、自分の時間を

5 ここでいうアーキテクトは、ソフトウェアの基本の設計を行なう人
6 ファイルやソフトウェア等のアイコンを右クリックすると、操作メニューが出てくる機能
7 ファイルやソフトウェア等のアイコンを、マウスで画面上を移動させることで操作ができる機能

投資する価値があると信じています。

はっきりいえば、現在のＷｅｂ３は発展途上もいいところで、クリプト業界の宣伝文句にあるようなものではまったくありません。Ｗｅｂ３が世の中の役に立つとわかるまでには、３年や5年、あるいはもっと時間が必要でしょう。けれど、だからこそ、エンジニアは今から取り組む価値がありますし、そうでない人もＷｅｂ３がどんなものかということは知っておいてよいでしょう。

本書では、Ｗｅｂ３の業界の中で今起こっていること、また立ち上がっているサービスについて解説するとともに、新たなビジョンとして、現在私が取り組んでいるＤＡＥ（Decentralized Autonomous Ecosystem）を紹介したいと思います。そして、その解説を通して、日本人のほとんどが知らないＷｅｂ３の正体について明らかにしていきたいと考えています。

２０２２年12月

中島　聡

第1章 Web3とは何か

第2章 Web3業界の現状

第3章　冬の時代の向こうにあるWeb3の未来
DAOからDAEへ

第4章 Web3の未来に向けて私たちが考えるべきこと

※本書は著者のメルマガの一部を抜粋している部分があります
※本書は2022年11月の内容に基づきます

第1章
Web3とは何か

Web3とは何か

Web3とは、暗号資産・イーサリアムの共同創設者の一人であるギャヴィン・ウッドが提唱したアイデアで、「ブロックチェーン技術に基づく、分散型のオンラインエコシステム」のことを指します。一言でいえば、これまでのインターネット上のサービスのように、企業や組織がそのサービスやコンテンツの維持にかかわるのではなく、ブロックチェーン技術を用いて、不特定多数のコンピュータに支えられたネットワークの上で、サービスやコンテンツを維持する仕組みです。

今までのウェブネットワークの変遷を振り返ると、17ページ図のような位置づけになります。順を追って見ていきましょう。

黎明期のウェブ

90年代までのインターネットといえばメールやニュースグループ[1]といったテキストが中心でした。１９８９年に、イギリスのコンピュータ技術者であるティム・バーナーズ＝リーが、リンク（ハイパーリンク）を使って世界中のテキスト情報をたどって見ていくことができるウェブ（World Wide Web）というシステムを開発。１９９３年に、テキストと画像を同じページに表示できるウェブブラウザ「Mosaic」を、米イリノイ大学内の米国立スーパーコンピューター応用研究所（ＮＣＳＡ）の研究員だったマーク・アンドリーセンらがリリースすると、ウェブは一般の人の間にも普及していくことになります。私がマイクロソフトでInternet Explorer 3.0の開発に取り組んでいたのは、まさにこうしたウェブの黎明期でした。

ただこの頃のウェブ上のサービスは、基本的に**サービスの運営者とその利用者がはっきりと分かれていました。**掲示板などを除き、ウェブサイトに掲載されるメインの

1　テーマごとに分けた記事の集まりで、参加者は電子掲示板などでそれについて意見交換できる

コンテンツはサイトの運営者自身が作成した記事などで、情報の流れは一方通行のものでした。

やがてウェブ技術は急速に進歩し、グーグルに代表されるロボット型検索エンジンなど、高度な機能を備えたサービスが次々と登場してくるようになります。

Web2.0：ユーザーが参加できるウェブシステムから中央集権へ

2000年頃からは日常の出来事やニュースに対する感想を日記形式で綴るブログが普及し、ITにそれほど詳しくない人でも自分のウェブサイトを立ち上げて、情報を発信できるようになりました。

Wikipedia が発足したのも2001年です。当初は不特定多数の人間が執筆した百科事典など信用できないといわれましたが、現在では世界最大の百科事典となり、ネットユーザーの多くが日常的に使うサービスになっています。

そして2004年頃から、SNS（ソーシャルネットワーキングサービス）のサービスが登場してきました。ユーザーが自分の友人・知人を呼び込むSNSは、爆発的な成長を遂げていくことになります。リンクトイン、フェイスブック、ツイッター、

Web1.0

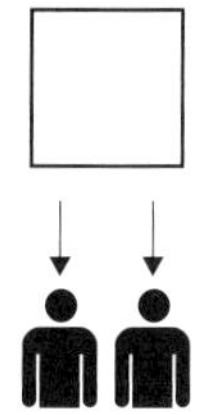

（一方通行）

コンテンツをサービス事業者が提供するサービス

・画像やテキストを見ることができたり、シンプルなプログラムが使える
・サービスの運営者と、利用者がはっきり分かれている
・サービスの例：ニュースグループ、ホームページ

Web2.0

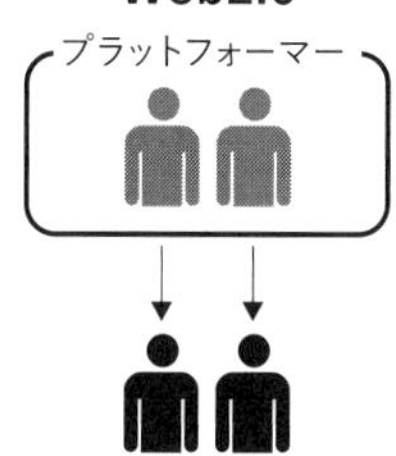

（プラットフォーマーの上でユーザーがコンテンツを提供）

〈前期〉コンテンツをユーザー自身が提供するサービス

・ユーザーは自分の作ったコンテンツを公開できる
・サービスの運営者だけでなく、利用者側も参加できる
・サービスの例：ブログ、SNS、Wikipedia

〈現在〉ユーザー自身が作ったコンテンツをサービス事業者が活用して運用するサービス

・巨大なプラットフォーマーの誕生
・サービスの例：広告（データによるマーケティング）、サービス内課金など

Web3

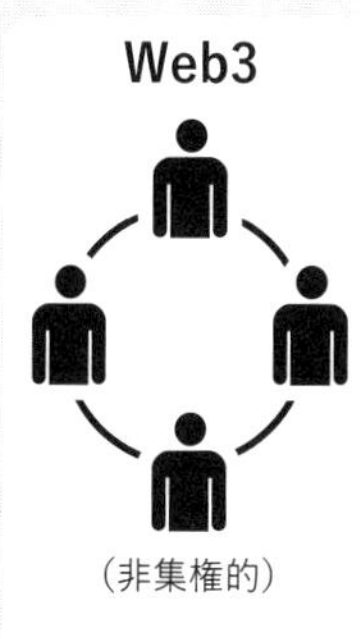

（非集権的）

ブロックチェーンを活用する非集権的なサービス

・特定のサービス事業者に依存せず、人手を借りずに自律的に運営されるサービス

インスタグラムなどは説明するまでもないでしょう。

2004年に、IT系出版社のCEOであるティム・オライリーはこうしたウェブの潮流を「Web2・0」と呼び、それが一般的に使われるようになりました（ちなみにWeb2・0という言葉が出てきたことをきっかけに、それ以前のウェブをWeb1・0と呼ぶ人も出てきました）。

ティム・オライリーは、Web2・0の特徴をいくつか挙げていますが、やはり一番重要な要素は、**「ユーザー参加」**ということになるでしょう。

Web2・0的といわれる企業は、自社でコンテンツを作るのではなく、ユーザーの作ったコンテンツや情報を活用します。サービスに参加したユーザーが自分の友人を呼び込み、コミュニケーションをとったり、日記や写真を投稿したりできます。

つまりWeb2・0とは、それ以前までの「サービスやウェブサイトを提供する事業者が一方的に情報やコンテンツを流す」状況であったWeb1・0から、ブログやSNSの発展によって、**「ユーザーも情報やコンテンツをアップしたり、ユーザー同士のやりとりもできる双方向のインターネット」**への変化を示す言葉だったのです。

そうやってユーザーを集めて、広告を表示したり、課金したり、物品等を販売することで、Ｗｅｂ２・０企業は収益を上げるようになりました。フェイスブックやツイッターに見られるように、運営者自身がコンテンツを作るのではなく、コンテンツの集まる場を提供する。これによって企業は大きな利益を上げられるようになり、その結果、ビッグテックといわれるような巨大プラットフォーマー企業が誕生することになったのです。

「Ｗｅｂ３」は、ビッグテック主導の「Ｗｅｂ２・０」を変えるか？

ここまで足早にＷｅｂ２・０までのビジネスの状況を説明してきました。「Ｗｅｂ３」は、そうした「Ｗｅｂ２・０」の状況を変えるようなビジョンを持っています。

２０１４年、イーサリアムの創業メンバーの一人、ギャヴィン・ウッドは、これからのインターネットが向かうべき方向を「Ｗｅｂ３」という言葉で表現しました。

Ｗｅｂ３がＷｅｂ２・０と大きく異なるのは、**「分散・集中排除」（Decentralization）や「許可が不要な」（Permissionless）といった言葉で表される中央集権からの解放**

（非中央集権化）です。「非中央集権」などというと小難しく感じられるかもしれませんが、簡単にいえば、**現在のGAFAMのように、プラットフォームを支配するゆえに絶大な力を持つ存在から解放される世界**、ということです。

Web2・0のビジネスは、一見ユーザーのためのもののように見えますが、現状ではそうでもないところがあります。

Web2・0的サービスの代表格であるフェイスブックやユーチューブは、コンテンツや情報の出し手はユーザーですが、サービスの提供元であるメタ（旧フェイスブック）やグーグルはそれらの情報を削除や垢バン（アカウントの利用停止措置）などの手段によって意図的にコントロールできてしまいます。またWeb2・0のビジネスでは、運営企業がサービスを閉鎖すれば、そのサービス上にせっかくアップされたコンテンツも消えてしまうことになります。

また、Web2・0企業の真の顧客は、そのサービスを使うユーザーではなく、「広告主」です。Web2・0的ビジネスの中でも、ユーチューブやブログなどの一部では、コンテンツのアップ側に広告費という対価が支払われますが、ツイッターやフェイスブック、インスタグラムやティックトックに代表される通り、基本的にコンテンツをアップする側に金銭的対価は支払われません。ユーザーがアップしたコンテンツは、広告主にとってサービスをより魅力的なものにするための材料にすぎないという位置付けなのです。

これに対し、**ブロックチェーン上に存在するWeb3には、中央に支配的な企業や国家が入ることはなく、ユーザーがブロックチェーン上で所有するコンテンツは誰にも取り上げられることはありません。**設計によってはサービスの成功に貢献したユーザーに対して、利益を分配することもできます。非中央集権的にサービスを構築するとか、スマートコントラクトによって様々な処理を自動化して人間の手をわずらわせないといった話は、とても魅力的です。あとで説明するようにブロックチェーンではあらゆる取引が履歴に残り、改ざんもできませんから、お金の流れを透明化できるという大きな利点もあります。

Web2・0とWeb3では、その仕組みも大きく異なっています。

Web2・0以前の時代までは、コンテンツやサービスはインターネット上にアップされるものでしたが、Ｗｅｂ３のビジネスにおいては、コンテンツやアプリといったサービスは、ブロックチェーン上にアップ（正確にはデプロイ）されるものになります。

Ｗｅｂ２・０では、ビジネスロジックを含むアプリケーションはサービス事業者が提供するインフラの上で動いていました。

Ｗｅｂ３では、これらをブロックチェーン、およびその上で稼働するスマートコントラクト（ブロックチェーン上で動くアプリと考えてください）が担うことになります（次ページ図参照）。

Ｗｅｂ３は「永続的」なシステムである

現役のプログラマーである私にとってＷｅｂ３技術の最大の魅力とは、**「永続性を持ったストレージ＋コンピュータ」**だという点です。正しく作られたＷｅｂ３アプリケーションは、一度ブロックチェーン上に放たれると、開発者や管理者がいなくても、スマートコントラクトという仕組みによって自律的に走り続け、世の中に価値を提供し続けるのです。

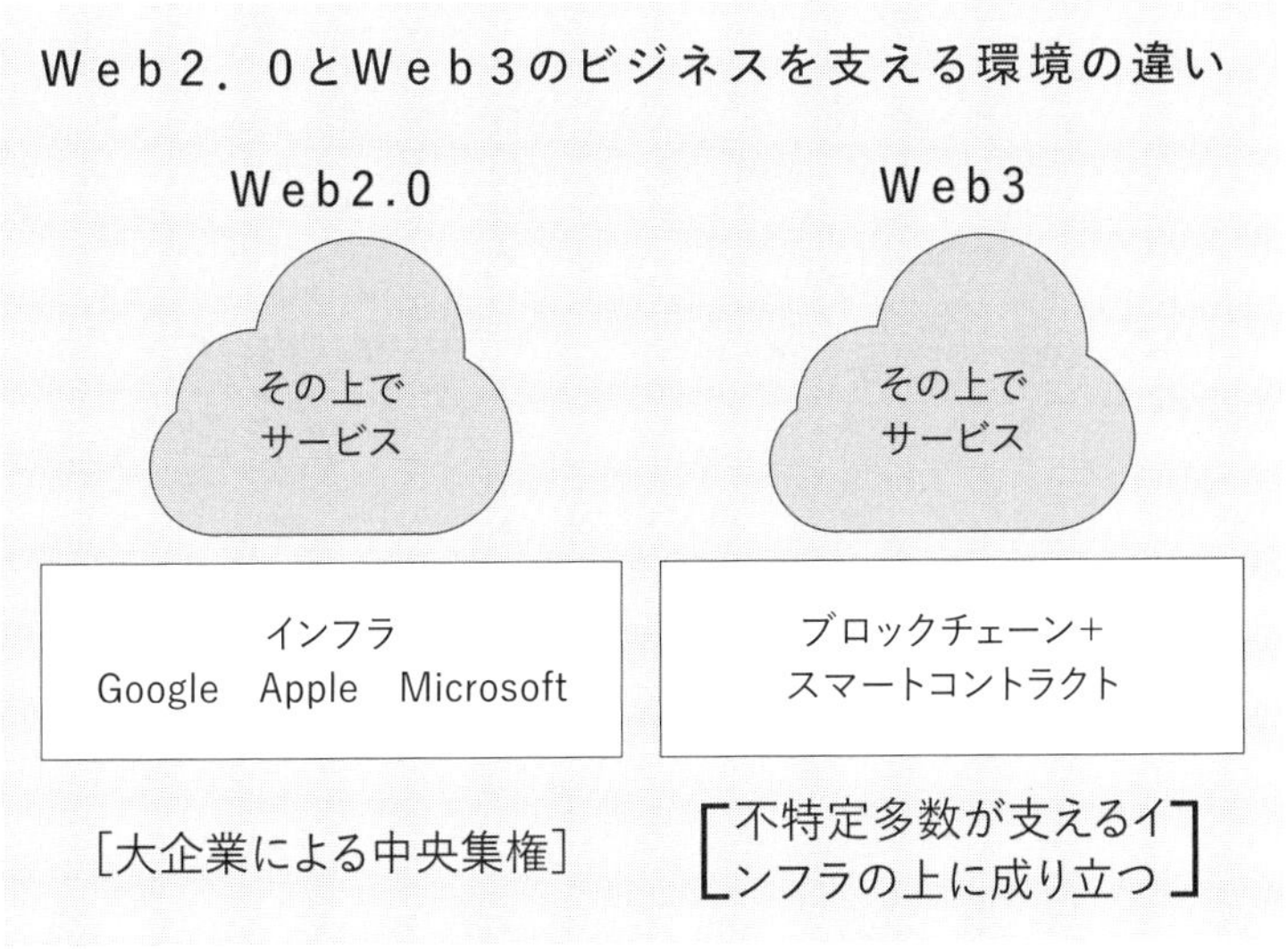

Web2.0とWeb3のビジネスを支える環境の違い

Web2.0	Web3
その上でサービス	その上でサービス
インフラ Google Apple Microsoft	ブロックチェーン+スマートコントラクト
[大企業による中央集権]	[不特定多数が支えるインフラの上に成り立つ]

私は高校生時代から40年以上にわたってソフトウェア業界でプログラマーとして活動してきました。たくさんのソフトウェアを書いて、ユーザーに喜んでいただいたり、お役に立てたものもあると自負しています。

けれど、こうしたソフトウェアは何年かは世の中で活躍しても、10年、20年経てば消えていきます。特定のハードウェア向けに作られたソフトウェアは、そのハードウェアが製造・メンテナンスされなくなれば、やがて動かすことができなくなります。

Windowsや macOS 向けに書か

れたソフトウェアにしても、ＯＳがバージョンアップすれば、動かなくなることはよくあることです。

ユーザーから厚い支持を得ているソフトウェアならば、ＯＳのバージョンアップに積極的に対応したり、異なるＯＳに移植されたりすることもありますが、絶対ということはありません。

ウェブ上のサービスについても同じことがいえます。グーグルやアマゾンのクラウドサービスなどを利用してウェブサイトを立ち上げたのであれば、そのサイトを維持するためプラットフォーム企業に使用料を払い続ける必要があります。無料で提供されているサービスもありますが、プラットフォーム企業の考え方一つでサービスが突然有償化したり、停止されたりすることはご存じでしょう。10年前、20年前に使っていたソフトウェアや、よく訪問していたウェブサイトがいつの間にかなくなっていたというのは、誰しも経験したことがあると思います。

「人の作った作品というのは、そういう運命にあるのだ」という考え方もあるでしょう。確かに、レオナルド・ダ・ヴィンチの絵画だとか、ベートーヴェンの交響曲のように歳月を経ても残り続けている作品はありますが、そうしたものはごく一部に過ぎません。ほとんどの作品は、一時世間で話題になったとしても、忘れ去られ、消えていくものです。

ところが、ブロックチェーンとスマートコントラクトがその常識を覆しました。**一度ブロックチェーン上にデプロイ**[2]**されたプログラムやデータは未来永劫存在し、作者が死んだ後も動き続けます。**これは、Web3が非中央集権的であるからこそ、可能な仕組みです。

もちろん、ブロックチェーンはネットワークでつながった多数のコンピュータによって維持されているわけですから、これらのコンピュータがすべて停止すればブロックチェーンは存在できなくなります。しかし、ビットコインのブロックチェーンやイーサリアムのブロックチェーンではマイナーのインセンティブが上手に設計されているため（35ページ参照）、ちょっとやそっとのことでブロックチェーンが機能を停止

2　ブロックチェーン上にスマートコントラクトを配置することをデプロイという。アプリを携帯にインストールするのと同じような意味合い

するとは考えにくいのです。イーサリアムのブロックチェーンは100年後にも存在していると私は考えています。

データとプログラムが未来永劫残る。さらに、イーサリアムのブロックチェーンはオープンになっていて、誰でも利用することができます。オープンソースソフトウェアや、クリエイティブコモンズ[3]ともすごく相性がよい。

こうしたWeb3の特性は、人類史において画期的なことではないでしょうか。

今目にするWeb3の多くはWeb3ではない

ただし、誤解を招かないように説明しておくと、現状で目にするWeb3的なものは、必ずしもすべてがWeb3ではありません。実際のところ「なんちゃってWeb3」も多いのです。

Web3と称してメタバース的な立体映像やゲームの動画が流されるのを見たことはないでしょうか？　残念ながら、現時点では、あれらはほぼ「なんちゃってWeb3」といってもさしつかえないものです。

なんちゃってWeb3

現時点のＷｅｂ３技術では、ブロックチェーン上に何か書き込むためには費用（ガス代。54ページ参照）がかかりますし、できることも限定されています。そのため、現在多くのＷｅｂ３サービスは、従来型のウェブサービスを利用したバックエンドと、Ｗｅｂ３の技術であるスマートコントラクトの両方を活用したハイブリッド型で作られています。

たとえば、プレイすることで儲かると謳われる「Play2Earn ゲーム」（93ページ参照）の場合、プ

3　作者が著作権を保持したまま、作品を自由に流通できるようにする取り組み。ライセンス条件の範囲内でコンテンツの再配布やリミックスを自由に行なえる

レイに必要なＮＦＴや報酬のトークンは確かにブロックチェーン上に存在します。しかし、ゲーム自体は、社内外のサーバーやクラウドサービスなど従来型バックエンドを使ったウェブサービスとして作られており、会社が倒産すれば、それらのサービスも動かなくなってしまい、せっかく購入したＮＦＴや稼いだゲーム通貨も、すべて無価値なものになってしまうのです。

Ｗｅｂ３のメリットとして特定の国や企業に支配されないことを挙げましたが、従来の技術を併用して提供される「なんちゃってＷｅｂ３アプリケーション」は、Ｗｅｂ２・０までの時代と同じくサービス運営会社によってコントロールされており、Ｗｅｂ３が理想とする非中央集権的なあり方とはほど遠い状態なのです。

「Ｗｅｂ３」はマーケティング用語？

なお、Ｗｅｂ２・０は「・０」が付くのに、「Ｗｅｂ３」は「・０」が付かないことに疑問を抱いていた人はいないでしょうか？

Ｗｅｂ２・０は実際に起こっていたウェブの潮流を表した言葉ですが、Ｗｅｂ３はちょっと由来が異なります。

Ｗｅｂ３という言葉が誕生するまでは、こうしたビジョンを一言で表現する適当な言葉がありませんでした。暗号通貨、仮想通貨、マイニング、ＮＦＴなどのブロックチェーン技術の周りに新しく発生した様々なものを個別に表す言葉が独立して存在しているばかりでした。

さらに、暗号資産というと金融商品のイメージが強いですし、あまりいい印象を持っていない人も多いでしょう。ブロックチェーンといわれても、何を表しているのかよくわからない。非中央集権というと、政治的なイデオロギーのニオイがしてしまう。

それらすべてを「Ｗｅｂ３」という言葉にまとめて、次世代のインターネットのビジョンとして提示したマーケティングの手腕は天才的といえるでしょう。技術的な観点からいえば、「Ｗｅｂ３」というよりも、「クリプト業界」「暗号資産業界」といったほうが、実態を表しているのかもしれませんが、素晴らしいビジョンがあって、イーサリアムを創設したヴィタリック・ブテリンやギャヴィン・ウッドといったカリスマ性のあるリーダーが開発を牽引している。そのこと自体は悪いことではありません。

なお、ややこしいことに、Ｗｅｂ３とは別に「Ｗｅｂ３・０」という言葉も存在します。これは、先に登場したウェブの発明者、ティム・バーナーズ＝リーがウェブの利便性を高めるために提唱したセマンティック・ウェブのことを指します。ＨＴＭＬという言語で書かれたウェブページは人間が読むことを前提にしていますが、セマンティック・ウェブでは、ウェブページにどんな種類の情報がどのように記載されているのかという情報（情報についての情報ということでメタデータと呼ばれます）を持たせることで機械がページを読み込んで自動処理することを目指していました（現在のところ、セマンティック・ウェブの構想は一部しか実現していません[4]）。

すでにＷｅｂ３・０という言葉が使われていたため、イーサリアムの関係者はＷｅｂ３という表現にしたのだと思われますが、「Ｗｅｂ３・０」をＷｅｂ３の意味で使っているケースも多く見られます。

Ｗｅｂ３を知るための４つのキーワード

ここから、Ｗｅｂ３を知るためのキーワードとして、

・ブロックチェーン
・スマートコントラクト
・ＮＦＴ
・ＤＡＯ

について説明していきたいと思います。

少し無理があるかもしれませんが、それぞれを簡単に説明すると、こんなふうになります。

４　また、最近では、ティム・バーナーズ＝リーは、人々が個人情報を自分自身で管理・共有できるようにする「Ｓｏｌｉｄ」というプロジェクトを推進しており、これこそが次世代のウェブ「Ｗｅｂ３・０」だという主旨のことを述べ、さらには「ブロックチェーン技術を用いたＷｅｂ３は無視するべき」だと述べている

・ブロックチェーン：取引を永続的に公開して記録する仕組み
・スマートコントラクト：ブロックチェーン上で動くプログラム。通常ブロックチェーンが「記録」するだけなのに対し、「処理」を永続的に行なえる
・NFT：スマートコントラクトにより発行される、トークンの一種
・DAO：スマートコントラクトを組み合わせてできた、究極的に人がいなくても動く組織

次ページから説明していきましょう。

ブロックチェーン：Web3の根幹

Web3の根幹となる技術の一つが「ブロックチェーン」です。

ブロックチェーンとはそもそも「電子的に情報を記録・管理するための新しい仕組み」の一種なのですが、簡単にその役割を説明すると**「取引を記録すること」**です。

もともとは金融機関で扱っている「台帳」を分散させるというアイデアから生まれたもので、「分散台帳システム」[5]という言葉で説明されることもあります。

「ブロックチェーン」でできることを単純にいえば、次のようなことになります。

- **取引や資金移動などのデータを記録する**
- **永久的に保存できる**

5　分散台帳を実現するための「分散型台帳技術」は、「誰が、いつ、どんな情報を台帳に書き込んだのか」を、偽造や改ざんができない形で記録・保管し、関係する企業の間で共有するための技術

・オープンになっており、改ざんができない
・後で説明するスマートコントラクトを置くことで、非中央集権的に（中央に管理者がいなくても）決められた処理が自動でなされる（間に人を介さず自動的に処理される点から「Trustless」だといわれます）

この中で「非中央集権的」ということがわかりにくいかもしれません。

そもそも、ブロックチェーンは、ブロック状のデータがチェーンのようにつながったものなのですが、それを維持するために（新しいブロックをブロックチェーンに追加する処理を行なうために）、たくさんのパソコンがつながって処理しています。たとえば、イーサリアムの場合、常に数千から数万のパソコンが稼働しているといわれています。そして、同じブロックチェーン上のパソコンでは、常に台帳の記録が同じになるように保たれています。

考えてみれば、たった一つの記録に数千ものパソコンが動いているのは不思議な話なのですが、特定の1社に特別な権限を与えず、「分散型の取引台帳」を実現するためには、この無駄は不可欠なのです。

なぜブロックチェーンは維持されるのか

ブロックチェーンの仕組みのうち特徴的なものとして、多くの参加者が入ることで、その運営が維持されていることが挙げられます。

では、なぜブロックチェーンを維持するために、コンピュータを提供する人がいるのでしょうか?

その理由として、ブロックチェーンには、

・新たなブロックをチェーンにつなげるには、膨大な計算資源（計算能力×時間）が必要

・それぞれのマシンには、提供した計算資源に応じたご褒美（新しく発行されるビットコイン）が提供される

という仕組みがあらかじめ組み込まれているためです。

たとえば誰かが不正を働こうとしても、「膨大な計算資源」がネックになります。

1000人で担がないと重くて運べない神輿を想像してみてください。決められたル

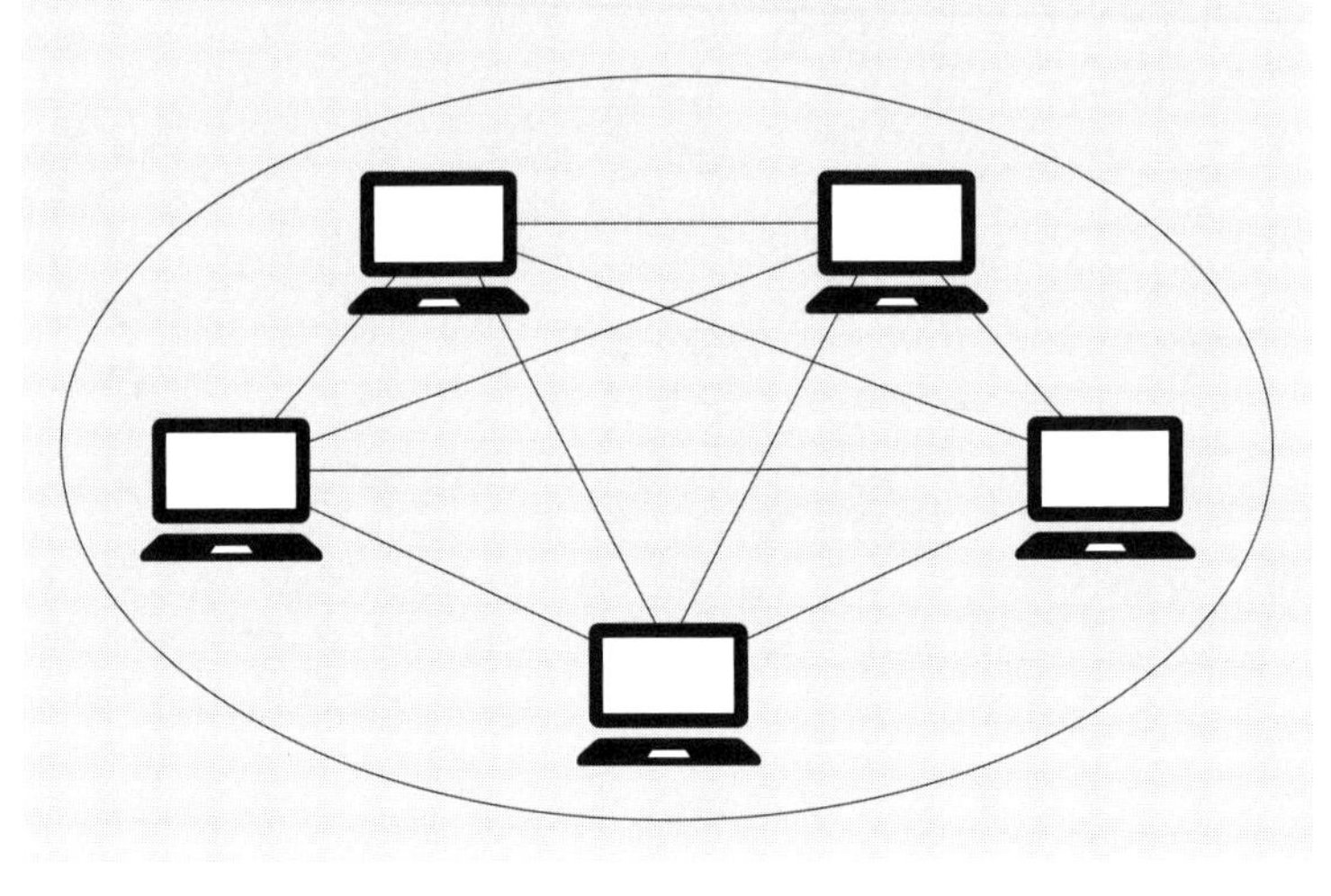

ートで進みたくない悪い人たちが10人や20人入ったところで、彼らの思い通りに神輿を動かすことはできません。悪い人たちが600人入れば、好きな方向に動かせるようにはなりますが、それでは人件費がかかりすぎて割に合いません。

また、ブロックチェーンに新たなブロックを追加する作業を行なう際に必要な計算は、複雑なうえに計算すれば誰もがご褒美をもらえるわけではなく、かなり「運」に左右されるようになっています。ご褒美がもらえる「当たり」を引くには、何回も同じような計算を繰り返す必要があり、ものすごく計算の速いマシンを何台も導入する、つまり計算資源を増やすしかありません。そのため、**不正を働こうとしても、膨大な計算能力をつぎ込む必要があり、コンピュータへの投資や電気代などコスト的に割が合わなくなってしまいます。**

この巧妙な仕組みがあることで、システム全体を管理している人がいないにもかかわらず、多くの人が競い合って計算資源を提供し、データの改ざんができない公正な分散台帳が可能になったのです。

ちなみにこの「計算して新たなブロックをつなげる」作業は、「どこかに埋まっている金を見つけるために、片っ端から掘ってみる行為」に似ていることから、マイニング（採掘）と呼ばれるようになりました。マイニングを行なうマイナーが、ご褒美をもらうために一生懸命計算することによって、システム全体を管理する人手を必要とすることもなく、半永久的に維持されるのが、ブロックチェーンのシステムが持つ画期的な特徴です。

ブロックチェーンの仕組みは、これまでのウェブや台帳とは大きく異なるため、難しく感じるかもしれません。

しかし、現在のWeb3業界のいかがわしいビジネスの多くは、この難しさを利用して消費者を騙している面があります。本質的な意味でブロックチェーン技術を活用していないにもかかわらず、Web3で先進的だというイメージをアピールするわけです。

あとで解説するNFTやWeb3ビジネスの構造を理解するためにも、できるだけブロックチェーンのイメージをつかむようにしてください。

ブロックチェーンが得意なこと

今までの話を読んでも、「なんでブロックチェーンでないといけないのか?」と思う方もいるのではないかと思います。

ブロックチェーンが得意なことを挙げると、次のようなことになるでしょう。

①資金の流れの透明化

ブロックチェーンはお金の流れを全部記録してくれて、しかもそれを誰もがパブリックに見ることができます。たとえば、東京オリンピックの予算をブロックチェーンで管理していたら、それがどんな流れで使われたのかが全部見えるわけです。

とはいえ、お金の流れを把握すること自体は、普通の会計ソフトを使っても技術的に可能です。しかし現実には、企業や政府などオープンにしたがらない人がいて拒否されたり、文書の開示請求を行なったら黒塗りの情報が出てきてしまうようなことが、現に起こっています。

それに対して、ブロックチェーン上にあげられた情報については、それを使うことによって、「強制的に公開される」という部分に価値があるのです。1円でさえ動かした時点で公開されますし、そもそも黒塗りなんてことはできません。人間の意図が入りようがなく公開される美しさが、ブロックチェーンという技術にはあります。

②会社が倒産してもサービスがなくならない

繰り返しになりますが、Web3アプリケーションは永続的に動き続けますが、現状のＷｅｂ2・0上のサービスは、そうはなっていません。たとえば、フェイスブック上でサービスの提供をしていたとして、急にメタがフェイスブックのサービスをやめてしまったら、その会社はサービスを提供できなくなってしまいます。サービスを提供する企業としても、プラットホーム企業の都合でサービスが止まったり、新しい仕様に対応しなければいけないというのは大きなリスクです。しかし、ブロックチェーン上ですと、現在、メタのような企業が存在しないので、一度作ったサービスは永遠に動くし、誰かが止めてしまう心配もない、というメリットがあります。ここもブロックチェーンの「人の意思が入らない」Trustless な部分からくる利点です。

③不動産などの契約が煩雑な分野

データの整合性や取引の不正を検証するコストを減らすことで、民間のビジネスを活性化させることもできるでしょう。

後でまた説明しますが、たとえば不動産取引は手数料も高いし手間もかかるし、情報を取り出すこと自体も時間がかかるので、株のアービトラージのようなビジネスはできません。でも、不動産の所有権そのものがブロックチェーン上に載れば、ある町のある不動産が異常に安くなっていることを自動で感知して購入する、といったようなスマートコントラクトの不動産売買みたいなビジネスも起こってくる可能性があります。

ブロックチェーンは現物を動かすことはできないので、不動産とその所有者などの情報をブロックチェーン上に記入し、それをやりとりすることになるわけですが、それでも、今までの紙を使った不動産取引より、はるかに効率的ですし、オープンでフェアなので、今までよりも参入しやすくなるでしょう。

④政府の事務処理

最終的に最も適した分野は政府の事務処理だと思います。不動産台帳や戸籍はもちろん、社会保障などにも利用はできるでしょう。たとえば、今の日本には、生活保護を受ける対象者であっても、それを知らなかったり何らかの理由で受け取れていない人がたくさんいます。それを全部スマートコントラクトで自動化し、受給する条件がそろった時に、自動的に送金が始まるプログラムにしてしまえば、そもそも審査も要らないし、取りこぼしもないし、人手もかかりません。

Web3の本当のポテンシャルは、政府が行なっている不動産の登記や社会保障、税金、マイナンバー制度のようなものにあると思います。そこを本当に政治家がやりたがるのかというと疑問ではありますが。

残念なことに、今のWeb3のビジネスは、人間の欲望に則った危ういものであり、本当にWeb3の価値を引き出すものではありません。

政治家の方たちにとって、政治にブロックチェーンを使うことは、自分たちの好き勝手にできなくなりますから、自分たちの首を絞める部分もあるでしょう。しかし、本当に国のことを考えたら、ブロックチェーンの活用を考えるべきですし、将来的にリトアニアのような小さな国では実現してしまうのではと期待しています。ただし、一度ブロックチェーン化をしたら、そう簡単には戻れなくなるので、それこそ選挙もなくして、国民投票でいろんなことを決めていくようなシステムになるのではないかと考えています。

ブロックチェーンの課題

課題1：Apple Watchよりも処理能力で劣るワールドコンピュータ

素晴らしい可能性を秘めたWeb3ではありますが、課題もまだまだたくさんあります。

大きな課題の一つとして挙げられるのが、処理能力の低さです。イーサリアムのネットワークには、世界中で100万台のコンピュータが参加しているといわれています。イーサリアムはいわば、100万台のコンピュータによって構成される1台のバーチャルマシンであり、開発者らの言葉を借りれば「ワールドコンピュータ」ということになります。

このワールドコンピュータは、膨大な電力を消費するわけですが、その処理能力は

1台のパソコンどころか、Apple Watchにも劣っているのです。

従来のコンピュータとは異なり、ブロックチェーンは永続性や非中央集権を目指しているわけですから、処理能力で比較できるものではありません。それでもこの効率の悪さには、プログラマーとして耐えられないものがあります。

スマホやパソコンなど従来のコンピュータであれば、処理能力を上げるのは簡単です。半導体の製造技術を向上させて、より多くのトランジスタを搭載したＣＰＵを、より高速で動作させれば処理性能は高まります。データを記録するストレージにしても、半導体技術の向上によって年々容量が増加しています。

しかし、ブロックチェーンの性能を上げるのは簡単なことではありません。

ワールドコンピュータとしてのブロックチェーンの処理能力を上げるためには、ソフトウェアのアーキテクチャ（基本設計）自体を大きく変える必要があるでしょう。

実際にＷｅｂ３の分野では、この課題に取り組んでいるエンジニアや研究者がたくさんいます。将来的にイーサリアムでは、秒間10万件の取引処理能力を目指しています。

また、イーサリアムとは別のブロックチェーンを作ろうとしている人たちもいます。

す。たとえば、Solanaというブロックチェーンでは、PoS（Proof of Stake。47ページ参照）を改良したPoH（Proof of History：プルーフ・オブ・ヒストリー）という手法を採用。これによって、Solanaはすでに1秒間に5万件の取引処理を実現しています。

今後もこうした処理能力向上は順調に進むのか、10年後にブロックチェーンの処理能力がどうなっているのかを見極めるのはなかなか難しいことであるといえます。

課題2：電力消費が大きい

もう一つの大きな欠点は莫大な電力消費です。マイニングで利益を上げるには、大量のマイニングマシン[6]を購入して、莫大な計算をさせることになります。マイニングマシンの能力は1秒間のハッシュレート（H／s）で計算します（1秒間にクジを何回引くかと考えて結構です）。典型的なマイニングマシンは、15TH／s（TはTera＝10^{12}）程度の計算能力を持ち、約1・5kWの電力を消費します。

6　当初はマイニングは普通のパソコンで行なわれていたが、今では専用のマイニングマシンが使われているビットコイン全体を動かすのに必要な計算能力は約230EH／s（EはExa＝10^{18}）なので、1500万台のマイニングマシン（1台あたりの処理能力が15TH／sの場合）が必要ということ。必要な電力はトータルでは約23GW（G＝10^{9}）になり、これは原発30基以上（原発の発電能力は0・5～1GW）に相当します。環境の観点からすれば、「単なるクジを引く」行為でこれだけの電力が消費されてしまうわけですから大問題です。

この問題を解決するアプローチはいくつかあり、「マイニングには再生可能エネルギーだけを使う」「余剰エネルギーを使う」「PoWに代わる技術を使う」といった取り組みが検討されています。

なお、イーサリアムは、当初はPoW（Proof of Work：プルーフオブワーク）でマイニングを行なっていましたが、2022年9月にPoS（Proof of Stake：プルーフオブステーク）[7]という仕組みへと移行を完了させました。PoSでは、資産を多く、長期間所有（イーサリアムのネットワークに長期間多くの資産を預けている人のイメージです）しているマイナーほどマイニングの報酬が有利になるようにできています。PoSに移行したことで、イーサリアムの消費電力は約99・9％削減されたと開発コミュニティは主張しています。

課題3：著作権違反等への対応

ブロックチェーンの欠点というか特性として、ブロックチェーンに一度載ったデータは消せないということも挙げられます。

あるブロックチェーン上に、誰かが著作権を侵害したコンテンツをアップする可能性はあり、それを100%防止することはブロックチェーンの原理上不可能です。

確かに、あるブロックチェーンにアップするコンテンツを管理する管理者を置くことは可能です。しかし、その管理者による管理を未来永劫続けることができるかといえば不可能です。管理者が飽きたり死んだりしたら、その管理はできなくなるわけですから。ブロックチェーン自体は未来永劫動いていても、管理者がいなくなることで無法地帯と化してしまう可能性はあります。

7　PoWはブロックチェーン上で行なった計算量に応じて報酬を得る確率を決める仕組みで、PoSはその暗号資産の保有量や保有年数で報酬を得る確率を決める仕組み。いずれもマイニングに関するもの

スマートコントラクト：
自走するブロックチェーン上のプログラム

Ｗｅｂ３を理解する上で欠かせないもう一つの概念が「スマートコントラクト」です。

スマートコントラクトとは、「ブロックチェーン上にデプロイされたアプリなどのサービスにおいて発生する契約の締結や売買等のすべての取引を、人手を介さずに、自動的に（自律的に）履行させることができるプログラム」のことです。スマートコントラクトを直訳すると「賢い契約」になりますが、そこから転じて、「**人手を介さずに契約等のやりとりを自動的に実行させる仕組み（プログラム）**」という意味になっています。

先ほど説明したように、ビットコインで実現されたブロックチェーンは、改ざんを事実上不可能にし、匿名での送金を可能にしました。

しかし具体的にブロックチェーンでできることといえば、どの口座からどの口座にいくら送金したのか、どこの口座とどこの口座で何をいくらで取引したのか、といったお金の移動を示すことくらいで、これだけでしたら、紙の台帳にもできます。

そこで、より複雑な取引を自動的に処理するためのプログラムをブロックチェーン上に載せようと導入されたのが「スマートコントラクト」という技術です。

スマートコントラクトのコンセプトを最初に提唱したのは、ニック・サボという科学者です。

現実の取引では、契約書（コントラクト）に記述された条件通りに取引をするために莫大な手間がかかります。たとえば、CDが1枚売れた時に、小売店・卸売業者・レーベル・演奏家・作詞家・作曲家などに売上を分配するのは大変です。それをソフトウェアにより自動化することで、手間を減らし、契約違反が起こらないようにする（そもそも自動的に処理されるので違反できない）というのがスマートコントラクトの発想でした。

初代暗号通貨であるビットコインもスマートコントラクトの仕組みがありました

が、非常に限定的で、その上で様々なアプリケーションを作ることは不可能でした。

そこに登場したのが、ヴィタリック・ブテリンというロシア生まれのカナダ人です。2013年、わずか19歳のブテリンは"Ethereum Whitepaper"という論文を発表します。数年前、私も"Ethereum Whitepaper"を読んだのですが、この時は彼が何を言わんとしているのかまったく理解できませんでした。

ブテリンが提唱したのは、「プログラミング可能な分散台帳」というアイデアです。要は、より複雑な取引を自動的に処理できるようなプログラムをブロックチェーン上にデプロイできるようにした、ということです。

たとえば、このスマートコントラクトがあれば、あるアートと紐づいたNFTが売買された時に、そのアートを製作したアーティストに手数料が10%支払われるというルールを決めた場合、

・購入した人のウォレットから、販売者のウォレットに0・09イーサ移動
・購入した人のウォレットから、製作者のウォレットに0・01イーサ移動
・販売者のウォレットから、購入した人のウォレットに該当のNFTを移動

といった処理を人を介さずに自動的に実行してくれます。

つまり、イーサリアム・ブロックチェーンの上では、スマートコントラクトという「自動取引履行システム」を使用する形で構築されることによって、「物理的な場所や人手などを必要とすることなく、自動的に様々な取引を完了させることができる」ようになっているのです。

このスマートコントラクトのおかげで、イーサリアムでは、

- 個人を認証する仕組み（実印に相当するもの）
- 暗号資産をプログラムを使って安全に移動する仕組み（銀行振込に相当するもの）
- 誰が何を持っているかなどを記録・管理する仕組み

を作ることができます。これらを組み合わせることで、暗号資産や証書といったものまで、ネット上で自由かつ安全にやりとりすることができるのです。

これは現実の取引にも影響を与える可能性があります。

不動産取引を例にとって説明しましょう。日本の場合、不動産の所有権、つまり「誰がどの不動産を持っているか」の記録は、法務省の管轄下にある登記所の登記簿に記載されています。登記簿上の情報は一応オープンになっているものの、閲覧した

り証書を発行したりしてもらうには結構な手間とコストがかかります。

さらに不便なのが、不動産の売買です。不動産取引を行なうには、第三者（不動産業の仲介業者）を間に立てて、お金と契約書をやりとりし、司法書士が登記所で不動産登記をしてはじめて取引が成立するのです。

こんなふうに手間とコストのかかる不動産取引ですが、それに見合った安全が保証されているかといえば、そんなことはありません。売買する人は仲介業者を信用して契約書に実印をポンポン押していますが、それは手続きを任せている司法書士や登記所の職員が悪いことをするはずがない（悪いことをすれば罰則がある）という前提があるからです。考えてみれば、とても危ういシステムですし、実際これまでにも何十億円という規模の不動産詐欺事件が起こっています。

しかし、スマートコントラクトを使えば、信用できる第三者や登記所もなしに、不動産の所有権とお金の交換も安全でオープンに、しかも自動的に行なうことができます。

ブテリンのビジョンに共感した、ソフトウェアエンジニアのギャヴィン・ウッドは、スマートコントラクト用のプログラミング言語「Solidity」を開発。この二人の活躍によって、イーサリアム・ブロックチェーンは、改ざんが不可能かつ安全な形で、「様々なアプリを動かすことのできるバーチャルプラットフォーム」へと大きな進化を遂げたのです。

インターネットの歴史を振り返れば、第三者の手を借りなければできなかったことが全自動でできるようになったことにより、マーケットの構造そのものが大きく変わるということは、何度も起こってきたことです。そのため、決済機能と認証機能を兼ね備えたスマートコントラクトには大きなポテンシャルがあります。

ちなみに、イーサリアム・ブロックチェーンには、ビットコイン・ブロックチェーン同様、資金の送受信機能も実装されていることにより、暗号通貨であるイーサも同時に誕生することになりました。

現在では、ビットコイン・ブロックチェーンのように、通貨の送受信機能のみに特化したブロックチェーンのことは「通貨型ブロックチェーン」と呼ばれ、イーサリアム・ブロックチェーンのように「様々なアプリを動かすことのできるバーチャルプラットフォーム」になっているブロックチェーンのことは、「プラットフォーム型ブロックチェーン」と呼ばれています。

スマートコントラクトを動かすには「ガス代」が必要

イーサリアムのスマートコントラクトに関して知っておくべき概念として「ガス代」があります。

「ガス代」とは、イーサリアム上でスマートコントラクトを実行したり、何らかの取引をした際に、支払わなければならない手数料のようなものです。スマートコントラクトを動かすには、ビットコインのブロックチェーン同様、マイナーの力が必要ですので、ガス代はマイナーに支払われます。先ほどブロックチェーンのマイナーには報酬が支払われると説明しましたが、イーサリアムの場合は、それに加えて「ガス代」も支払われるわけです。

なぜイーサリアムにはこのような仕組みがあるのかというと、ブロックチェーン上に効率の悪いプログラムや、バグがあって無限に動き続けるようなプログラムがあると、ネットワーク全体に負荷をかけてしまうからです。

さらにこの「ガス代」の仕組みがあることで、サイバー攻撃にも対抗できるようになっています。ネットワークに必要以上の負荷をかけるDｏSという攻撃手法がありますが、こうした攻撃を行なう時もガス代を払う必要がありますから、攻撃しても割が合わないというわけです。

ガス代は、「ガスユニット×（基本料金＋チップ）」という計算式によって算出されます。イーサリアムにおける暗号資産としての通貨単位はＥＴＨ（イーサ）ですが、ガス代は１イーサよりもはるかに少額であるため、ｗｅｉ（ウェイ）という単位が用いられます（１ＥＴＨ＝１ｗｅｉ×10^{18}）。

ガスユニットは、取引のタイプによって異なり、複雑な処理を必要とする取引であるほど高くなります。基本料金は、イーサリアムのネットワーク上で取引を行なっているユーザー数によって増減します。チップは、取引を早く完了してもらうための追加料金です。イーサリアムのネットワークに参加しているマイナーは、チップが高額な取引ほど優先的に処理を行なうようになっています。

当初、ガス代は無視できるほど安かったのですが、イーサリアムの価格が高くなるにつれて高騰し、「ＮＦＴを購入する」といった簡単な処理にも、数百円から数千円のガス代が必要になってしまいました。

NFT：唯一無二のスマートコントラクトのアプリケーション

Web3の話題で必ず出てくるNFTも、スマートコントラクトで実装されたアプリケーションの一つです。

NFTはNon-Fungible Tokenの略で、直訳すると「代替不可能なトークン」となります。トークンのもともとの意味は「しるし」や「証拠」であり、「代替不可能なトークン」をわかりやすく意訳すれば、ブロックチェーンの技術によって間違いなく本物と証明することのできる「デジタル鑑定書」といったことになります。

デジタル上の作品であっても、そこにデジタル鑑定書をつけることによって、唯一無二のオリジナルであることや、所有権を示すことができれば、デジタルアーティストに新たな収入の道が開けるのではないか、こうした発想からNFTは生まれました。

たとえば、水彩画や油絵などを描く従来のアーティストは、作品の実物を売って生計を立てています。カラーコピーなどで複製品を作って売ることも可能ですが、オリジナルに比べて価値が低いと見なされます。

一方、コンピュータを使って生み出されるデジタルアート作品は、簡単にコピーされてしまいます。オリジナルという概念のないデジタルアートが高値で取引されることはありませんでした。

NFTが登場したことで、こうした状況に変化が生まれました。

NFTが可能にしたのは、デジタルだからこそ「コピーがいくらでもできてしまう」という欠点をブロックチェーンで補い、

①希少性を持たせて収集・投資・投機の対象にする

②誰でも手軽にオークションに参加できるようにする

③一度アーティストの手を離れた後も、売買のたびにロイヤリティが入り続けるように設計する

ということです。

こうした仕組みができたことによって、デジタルアーティストは「これがオリジナ

ル作品の所有者であることを証明する」と宣言して、NFTを売り出すことができるようになりました。アートのデジタルデータ自体は簡単にコピーできますが、アーティストがお墨付きを与えたNFTは一つしか存在しません。また、③の仕組みがあるため、NFTを売り出した時点では無名だったアーティストが後から有名になってNFTの流通価格が上がった場合でも、その恩恵を受けることができます。

「NFTのおかげでアートで食べていけるようになったアーティスト」が次々に生まれていることは素晴らしいことだと思います。アート系の学校でも、NFT市場に関しての授業を必須科目にすべき重要なイノベーションだと私は考えています。

当初、NFTはそれほど注目されていませんでしたが、Beepleというアーティストが"EVERYDAYS: THE FIRST 5000 DAYS"というデジタルアートのNFTをイギリスのオークションハウス、クリスティーズでオークションにかけたところ6900万ドルの価値が付きました。これがメディアで大きく取り上げられ、NFTが注目を集めるようになります。また、NFTの取引所も登場して活発な取引が行なわれるようになりました。

ただし、アーティストになりすました別人が、そのアーティストのデジタルアートをNFTとして発行してしまったという事件も起こっていることに注意が必要です。

なぜ、NFTはこんなに高額になったのか

一時期は非常な高値で取引されていたNFTですが、なぜ一部のNFTがそんなに高値で取引されるのか、いまいちぴんと来ない人もいるでしょう。

切手やビックリマンシールを集めた経験のある方も多いでしょうが、NFTもそのようなものだと考えるとわかりやすいでしょう。切手に描かれている絵はただのプリントですが、「○○年に発行されて、現存するのは10枚のみ」となれば、数千万円、数億円の価値が付くこともあるわけです。

レアなカードを持っていたら友達に自慢したくなりますし、人によっては将来の値上がりを期待してカードを収集する人もいます。さらに、同じような嗜好を持った人たちの間ではコミュニティができることもあります。切手やカードの場合、そこに描かれている図案というより、その背景に人は価値を見出しているといえるでしょう。

一方で、NFT発行側がブームを作っているところもあります。

そこで無視できないのが、共通のNFTコレクションを持った人たちの間に作られる**「コミュニティ」**の存在です。

NFTのコミュニティは自主的に作られるケースもありますが、多くの場合は、NFTコレクションの発行元がDiscord[8]（ディスコード）というコミュニケーション・ツールを使って作り出した人為的なコミュニティです。NFTのリリース前からDiscordに人を集め、早くからそこに参加した人たちだけが「NFTを誰よりも早く、安く手に入れる権利」をもらえる、という状況を作りだして、希少性を煽（あお）ることにより、NFTコレクションの即日完売を成功させるのです。

この業界では、「NFTを誰よりも早く、安く手に入れる権利」を得ることを「ホワイトリスト（WL）」と呼びますが（正確にはホワイトリストとは、購入権を持った人のリストのことです）、それが、上場前の会社の株を安く手に入れる行為と似ている面もあるため、NFTコレクターたちの間でホワイトリストの獲得合戦が起こり、それが「即日完売」だけでなく、その後の二次流通市場での値上がりも起こす状況がしばしば作られています。

結果として、「発行当初は1万〜2万円だったNFTが今や数十万、数百万円」などという状況が起こり、それがさらにNFTの人気を高める、という形でNFTブームが作られたのです。

しかし、株のように「一株あたりの利益」のような価格を決めるまっとうな指標がないNFT市場では、**値段は純粋に人々の「将来、今よりも高く売れるかもしれない」という期待によってのみ決まるため、先行者だけが得をするというような面もあります。**

NFTの世界でインフルエンサーと呼ばれる多くの人たちは、この「先行者利益」を活用して収入を得ています。ホワイトリストを入手してNFTを安く購入し、「今後の値上がりが期待できるNFT」として紹介して市場を盛り上げて二次流通市場での値上がりを図る。そんな「ポジショントーク（自分が得をするような発言をすること）」が、堂々と行なわれています。

ツイッターで「私は、このNFTをホワイトリストを獲得して入手しましたが、すでにOpenSea市場では4倍の値段で取引されています！」のような発言を見ることがあると思いますが、これが典型的な「二次流通市場での値上がりを目的としたポジ

8 アメリカ発の文字・音声・動画のやりとりができるチャットサービス。オンラインゲームの普及とともに広がった

ショントーク」です。

人間は、「みんなが買っているもの」「値上がりしているもの」を欲しくなる傾向があるので、その心理を巧みに利用した手法です。NFTの発行元ではなく、NFTを購入した消費者が自ら喜んでマーケティングを手伝ってくれるのが、NFT市場の特殊性です。

Web3の信者たちは、「Web2・0の時代は、すべての利益はGAFAMに吸い取られてしまったけど、Web3の時代になれば消費者も利益を分かち合うことができる」とカッコいいことを言いますが、その「分かち合う利益」の大半は、この手の「先行者利益」であり、その原資は、「インフルエンサーのポジショントークに影響されて後から参加した人たち」の財布からきている、という図式になっていることもあるのです。

組織を自動運転するDAO

ブロックチェーンとスマートコントラクトによって実現されるコンセプトとしては、「DAO」も注目を集めています。

DAOとは、Decentralized Autonomous Organization の略で、日本語に直訳すると「非集権型自律的組織」となります。「非集権型」とは、取締役会や代表取締役社長のような権力者（リーダー）がいないことを示し、「自律的」とは、すでに説明した通り、組織運営がブロックチェーン上のスマートコントラクトによって自動化されていることを示しています。いわばDAOは、ブロックチェーン上のスマートコントラクトの仕組みを使って行なわれる、新しい民主的な組織運営の手法なのです。そこで第1章の最後に、「今現在非常に注目を集めているDAOというものが何なのか？」という話について触れておきたいと思います。

会社であれ国であれ、リーダーと呼ばれるような人の最も重要な役割は、「お金の使い方」にあります。会社であれば「研究開発費にいくら投じるのか」「広告宣伝費をいくら使うのか」、国であれば「軍事費をいくら使うのか」「少子化対策にいくら投じるのか」などの決断です。

その最も重要な部分に人が絡むと、必ずといっていいほど、「天下り先の確保のために子会社を作る」「政治家のお友達の会社に大量の発注をする」「票を集めてくれる団体にお金を流す」などの行動が生まれます。

これをなくすために、賄賂や不正な利益供与を禁止する法律などがありますが、すべてのケースを網羅することは到底できず、現在もたくさんの不正が行なわれています。

DAOは、この最も重要な「お金の使い方」の部分から、スマートコントラクトというプログラムを活用して自動化し、不正の入る余地を排除しようとする試みです。

たとえば国であれば、

・税収以上のお金は絶対に使わない
・軍事費は、国家予算の10％
・生活保護費は、年収150万円以下の家庭に自動的に支給するなどのルールを、スマートコントラクトの中に記述しておけば、自動的に実行され、そこに政治家や官僚の私利私欲が入る余地がなくなるのです。ＤＡＯの根底にはこうしたコンセプトがあります。

DAOでできること

ＤＡＯという仕組みにできることは、
「ブロックチェーン上のデータをルール通りに動かす」
ということです。

たまに「スマートコントラクトで経営が自動化される」などと過大に期待される方がいるのですが、経営の何ができるかというと、お金の移動くらいです。

当然ながら、ブロックチェーン上で動くスマートコントラクトは、現実の世の中とつながってはいません。スマートコントラクトにできることは、ブロックチェーン上に書かれたデータを動かすだけなので、お金を動かすとかトークンを動かすということになります。

また「契約を自動的に順守する」という点でも、優れています。

たとえば、契約書ではアーティストは売上の5％がもらえますよと書いてあったのに、実質的には0・2％しかもらえないような仕組みが人間によって構築されているようなことがあります。そこを、契約の内容をオープンにして最初に確認できるようにしておき、スマートコントラクトで実際にその通りお金が動くようにする。フレキシビリティがないが故に、保証される部分が出てくる仕組みなのです。

非中央集権といいながらも、ＤＡＯの設計者の意図が入ることはありますし、ＤＡＯのメンバーの多数決で物事を決めることもありますので、人間の関与がまったくないとはいえませんが、それでも多くの人にとって公平に物事を進める仕組みとしてのポテンシャルは大いにあるものと考えています。

ルールが変えられないのは「不便？」「便利？」

一度、スマートコントラクトを作ったら「ルールを変えられない」と思うと、不自由に感じられる方もいるかもしれません。でも、スマートコントラクトは、ルールを変えられるように作ることもできますし、その際に、「ルールを変えるにはＤＡＯのメンバーの過半数が賛成しないとダメですよ」というルールを作ることもできます。そこは設計次第なのです。

ただし、実際の契約書のように、すべての可能性を最初から全部想定してスマートコントラクトに書くのは、すごく難しいのです。実際最初に作られたDAOの中には、その部分が弱くて被害に遭っているものもあります。

また、DAOで使われるスマートコントラクトの中で動いているロジックは、基本的にブロックチェーン上にあるため、どんな人間からも見えるようになっています。オプションとして「公開しない」設定もあるのですが、それをすると誰も信用してくれなくなるので、ほとんどの場合、ソースコードはオープンにしています（これはDAOに限りません。NFT、暗号資産なども、基本的にそのコントラクトのソースコードが公開されていない限りは、信用されない世界になっています）。

しかし公開されたルールを悪用して、ハックしようとする人が出てこないとも限りません。それを防ぐために、今はスマートコントラクトの監査ビジネスも立ち上がっています。

最もDAOらしいDAO「Nouns DAO」に参加する

「組織をスマートコントラクトを通して自律的に運営する」とは、直観的にはわかりづらい話で、私自身、こうしたコンセプトについて一通り調べても、腑に落ちたわけではありませんでした。やはり何かを理解するには、自分で手を動かして、参加してみるしかない。そういった信条を持っている私は、思い切ってDAOに参加してみることにしました。

コミュニティとして選んだのは、「最もDAOらしいDAO」といわれるNouns DAOです。イーサリアム・ブロックチェーンの上のNFTプロジェクトとして運営されているDAOの具体例として紹介します。

Ｎｏｕｎｓ ＤＡＯのプロジェクト

まずは、Ｎｏｕｎｓ ＤＡＯが行なっている最も基本的なプロジェクトの説明をします。

Ｎｏｕｎｓとは、Ｎｏｕｎ（ナウン）と呼ばれる眼鏡をかけているキャラクターをドット絵で表現したＮＦＴアート（70ページ画面参照）のシリーズをオークション形式で販売するＮＦＴプロジェクトのことです。このプロジェクト全体を示す場合はＮｏｕｎｓと呼ばれ、ＮＦＴアート単体を示す場合はＮｏｕｎという単数形で呼ばれています。Ｎｏｕｎのデータはブロックチェーンの上ですべて管理されるフルオンチェーン形式で作られ、イーサリアム・ブロックチェーン上に保存されます。

Ｎｏｕｎｓ ＤＡＯのメンバーになるには、このＮｏｕｎというＮＦＴを購入します。すると、ＮＦＴの所有者となるだけでなく、Ｎｏｕｎｓの運営メンバーとなれる仕組みです。

Ｎｏｕｎは1日に1個自動生成され、オークションにかけられます。購入されたＮｏｕｎの代金分のイーサはＮｏｕｎｓ ＤＡＯが全体で管理しているトレジャリー（基

Nouns DAO

1つのNOUNを毎日永遠に。

https://nouns.wtf/

金）に貯まっていき、このトレジャリーのイーサをもとにして、Ｎｏｕｎｓ ＤＡＯは様々なプロジェクトを行なっています。

Ｎｏｕｎｓ ＤＡＯでは、どんなプロジェクトを推進するのかを、どうやって決めるのでしょうか。

活動のベースとなっているのは、Discordというチャットサービスです。Ｎｏｕｎを所有しているメンバーは３００人程度ですが、その周辺にはＮｏｕｎｓ ＤＡＯを応援するファンや、Ｎｏｕｎｓ ＤＡＯから仕事を受けているソフトウェアエンジニアなどもおり、Discord上では活発な議論が行なわれています。議論はすべてオープンで、誰でも参加することができま

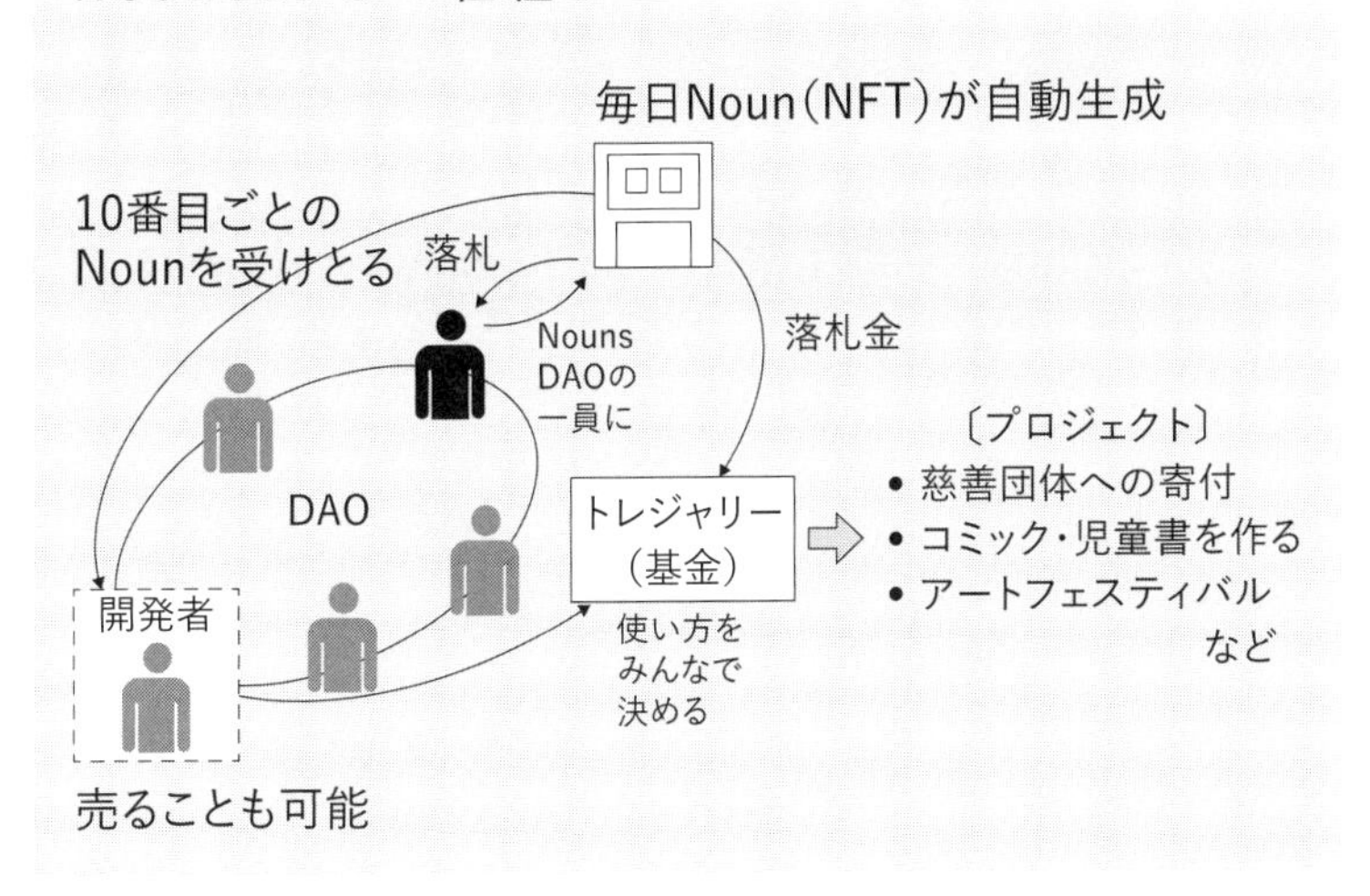

す。リアルの国会や地方議会でもどんな活動に予算を付けるか議論しますが、同じことをチャット上で行なっているわけです。

たとえば、誰かが「10万人の貧しい子どもたちにメガネを配る」というプロジェクトを提案したら、それをやるべきかどうか、やるならどんな条件で行なうかみんなで議論を重ねます。「可決の条件は、メンバーの半分以上が投票し、うち賛成票が3分の1以上であること」「可決したら、××のウォレットに○○ETCを振り込む」などの条件が固まったら投票ページが作られ、Nounを所有しているメンバーはページ上のボタンをクリックして投票を行ないます。Nouns に参加している人は、このプロセスに価値を見出していると考えられます。

この投票にスマートコントラクトを用いているのが、ポイントです。

投票ページには提案番号と振込先ウォレットのアドレスが記載されており、ブロックチェーン上のスマートコントラクトがこのデータを受け取ると即座に処理が開始されます。リアルの組織であれば、投票結果を受けて人手で送金処理などを行なうことになりますが、DAOではスマートコントラクトによってすべて自動で処理が行なわれます。小規模プロジェクトなら振込先が個人のウォレットのこともありますし、大規模プロジェクトでは複数グループで管理するウォレットのこともあります。

スマートコントラクトで行なっているのは、「提案の記録」と「送金処理」だけと極めてシンプルですが、リアルでも組織運営におけるキモは予算配分です。誰が提案に賛成したのか、予算は誰に割り振られるのか、Nouns DAOではそうした情報がすべて透明化され改ざんも黒塗りもできません。

Ｎｏｕｎｓのスマートコントラクト

Ｎｏｕｎｓは下記の規約が自動的に実行されるようにスマートコントラクトとして実装されています。

・（ＤＡＯのメンバーになるのに必要な）ＮＦＴの売上の１００％がＤＡＯの財産になる
・１日１つのＮＦＴがオークションで売られる（つまりキャッシュフローがある）
・開発者への報酬は、10個に１つのＮＦＴ（当初の５年間のみ）
・集まった財産の使い方はＤＡＯのメンバーが多数決で決める

これにより、組織の運営が自動化されているだけでなく、完全に透明化されているし、変更も不可能に設計されているのです。

私から見て、Ｎｏｕｎｓ ＤＡＯ の一番よくできている点は、「経営方針がメンバーの投票で決まる」という「いかにもＤＡＯらしい」部分にあるのではなく、「**開発者に対するインセンティブが、スマートコントラクトによりＮＦＴで自動的に支払われることになっている**」点に尽きます。

Ｎｏｕｎｓの場合は、毎日1つの新たなＮｏｕｎがミントされてオークションにかけられますが、10個に1つだけは自動的にＮｏｕｎｄｅｒｓと呼ばれる開発者たちが管理するウォレットに渡されるようになっており（ただし最初の5年間のみ）、これが開発者たちへの報酬であり、インセンティブになるのです。[9]

通常の会社にあるような、雇用関係やストックオプションではなく、スマートコントラクトの、それも後から書き換えることが決してできない部分に「Ｎｏｕｎｄｅｒｓへの報酬の提供方法」が記述されており、それが「自動的に実行されてしまう」という点が、Ｎｏｕｎｓの最大の発明なのです。この仕組みがあるために、Ｎｏｕｎｄｅｒｓは、Ｎｏｕｎｓ ＤＡＯの成功のための努力を惜しまないし、ＮｏｕｎｄｅｒｓとＮｏｕｎｓメンバーの利害関係が一致するのです。

DAOの欠点はリーダーシップの不在

もちろん、Ｎｏｕｎｓ ＤＡＯも完璧ではありません。

トレジャリーには何十億円分にも相当する予算が蓄積されていますから、この予算を手に入れようと、大勢の人が議決権を持つメンバーに対してロビー活動を行なっています。また、特定のメンバーが大金を払ってNounを買い集めたら、投票結果を思いのままに操るということも不可能ではないでしょう。ただし、そうやって一部のメンバーが権力を寡占するようになったら、DAOとしての魅力は失われてNounの価値も下がり、人も去っていくでしょう。

一番の欠点は、「リーダーシップの不在」です。経営陣がいないので当たり前ですが、それ故に、長期的な戦略を立てたり、(他の人がまだ理解できない)画期的なことをするのが不得意です。Nouns DAOの場合も、個別の案件への投資はメンバーの投票で比較的簡単に決められますが、継続性を持った活動や、収益を目指したサービス構築への開発投資などは、構造的に非常に難しくなっています。

また、DAOはソフトウェア(スマートコントラクト)で動きますので、そのソフトウェア自体にバグがあると、大きな問題が生じることがあります。初期のDAOでは、バグのために集まった資金の大半が盗まれてしまうという事件もありました。

現段階では、スマートコントラクトで行なえる処理は単純なものに限られていますし、人間が関与することによる限界もあります。人間同士のディスカッションなしに、各メンバーが自己利益をひたすら追求してもうまく動作するのが、理想的なDAOだと私は考えます。

DAOは株式会社に代わる仕組みではない

最後に、DAOに関する誤解で多いのが「リーダーなしにメンバーが自立的に協力しながら組織運営をする」というものですが、これは間違っています。**「自律的に」動くのはスマートコントラクトであり、メンバーではありません。**

さらに「DAOは株式会社に代わる新しい仕組み」と言われたり、本によっては「(DAOとは)ブロックチェーン上で実行されるルールを共有し、ミッションを中心に組織されたグループ」と定義しているものまでありますが、これもよくある、「大きな勘違い」です。

DAOとは単に「ソフトウェア(スマートコントラクト)によって自律的に運営される組織」であって、それ以上でもそれ以下でもありません。メンバーがミッションを共有する必要はないし、ルールはコントラクトにより「強制される」ものであり、「共有する」ものではありません。

そもそもDAOは「人が運営するもの」ではないのです。運営をするのはブロックチェーン上にデプロイされたスマートコントラクトです。最もよくできたDAOとは、スマートコントラクトにより作られたインセンティブによって人が動き、それがDAOの発展に自然につながるようなものです。たとえば、ビットコインがよい例でしょう。

そして「ソフトウェアにより自律的に運営される組織」であるがためにDAOの運営の良し悪しは、スマートコントラクトの出来で99・9％決まります。コミュニティ・マネージメントとか、ビジョンの共有が必要になる時点で、DAOとして未完成です。すべてはスマートコントラクトをデプロイした時に決まる。つまり「上手な設計」が必須なのです。

プログラミング言語「Solidity」でスマートコントラクトを書く

Nouns DAOに刺激を受けて、私もスマートコントラクトを勉強して何か作ってみることにしました。スマートコントラクトを記述するために、現時点で最も広く使われているプログラミング言語がSolidityです。ありがたいことに「クリプトゾンビ」というSolidityを実際に手を動かしながら学ぶことのできるチュートリアルが無料で公開されており、まずはここから始めることにしました。

クリプトゾンビは、ゾンビのキャラクターで遊びながらSolidityの基本が学べる、実によくできた教材です。Web3に興味を持った方は、ぜひ触れていただきたいと思います。

1週間ほどかけてクリプトゾンビのチュートリアルを終えたあと、Nouns DAOのソースコードを読み始めました。私はマイクロソフトに入社してからひたすらWindowsのソースコードを読みましたが、これはどんなプログラミング言語においても有効な勉強方法です。先に、Nouns DAOでは1日1回NFTのオークションが行なわれる、創業メンバーには10個につき1個のNFTが報酬として渡されるといった説明をしましたが、こうした処理もすべてソースコードを見て学ぶことができるのです。

その次には、Nouns LoveというNFTの開発にかかわることにしました。私は「Nouns Art Festival」というオンライン映画祭を立ち上げており、Nouns

Solidityの基礎が学べるクリプトゾンビ

https://cryptozombies.io/jp/

Loveはそのための資金集めを主たる目的にしています。Nounsのソースコードをベースに、ダッチオークション（徐々に値下がりする中で、最初に買うと宣言した人が購入権を得られるオークション方式）の機能を取り入れています。さらに、第3章で詳しく説明しますが、ブロックチェーン上にアセットストアも開設するという取り組みも行なっています。

ブロックチェーン上にスマートコントラクトをデプロイするのにはガス代がかかりますし、やり直しがききません。そのためイーサリアム・ブロックチェーン上にスマートコントラクトを生まれてはじめてデプロイした瞬間はすごく緊張しましたし、何より得がたい経験となりました。

そうやって夢中になってNFTを開発していくうち、Web3の可能性と問題点も見えてきました。

スマートコントラクトを使った「中抜き組織」の排除

ちなみに、必ずしもDAOを使う必要はありませんが、出版社、レーベルなどによる「中抜き」の問題もスマートコントラクトにより解決できる可能性があります。スマートコントラクトを使ってお金の流れを自動化すれば、顧客とアーティストの間を取り持つ役目を果たすだけで利益を上げている業者（中抜き業者）を排除することができるし、お金の流れも透明化されます。

よい例が日本のJASRACです。JASRACは、作曲家に著作権料を流すことにより音楽産業を盛り上げるために作られた組織ですが、ジャズ喫茶等から著作権料を徴収している状況を見ると、置かれた立場を利用した「中抜き組織」になってしまっています。

著作権料の支払いをスマートコントラクトを使って自動化・透明化すれば、JASRACのような組織は排除できるし、その分だけアーティストたちへの支払いは増え、ジャズ喫茶やピアノ教室から著作権料を徴収する必要もなくなります。

同じことは出版に関してもいえます。出版業界は一昔前のビジネスモデルで運営されているため、電子書籍の時代になっても、作家への印税は小売価格の8%から10%に抑えられています。

スマートコントラクトを使って電子出版をすれば、流通・出版コストを削ることができるので、作家への印税を小売価格の70~80%程度に引き上げることが十分に可能です。

本の所有権をNFTを使って実装すれば、読み終わった電子書籍を中古市場で売却することも可能になるだけでなく、中古市場での売上からも、作家に印税を支払うことが可能になります。

この手のシフトはまだ始まったばかりですが、私は必ず主流になると信じているし、すべきだと思います。これだけインターネットが発展した時代に、作曲家・歌手・作家などへの印税が小売価格の10%以下などというのは不合理極まりない状況です。

ブロックチェーンがより進化し、スピードも速くなり、ガス代が無視できるほどに下がりさえすれば、すべてのデジタルコンテンツの流通をスマートコントラクトを使って行なうことが可能になります。そうすれば、価値を提供しない中抜き業者が排除され、著作権者の受け取る印税が今の数倍になるのは当然の流れなのです。

スマートコントラクトを使えば、売上の一部が紹介した人に入る、アフィリエイトのような仕組みも簡単に作ることができます。電子書籍の場合だと、ブログやツイッターに投稿する書評が販売に結びついた場合、売上の10％が紹介者に渡るような仕組みが、スマートコントラクトでとても簡単に実装できてしまうのです。

Web3は打つべき釘を探しているハンマーである

未来永劫動き続けるコンピュータという、これまでになかった可能性。人間が介在しなくても、プログラムした通り自動的に組織運営が行なわれるDAO。

大きな可能性を持っている一方で、Web3は多くの課題も抱えています。処理能力が不十分なこと、ガス代が高いこと。

これまでにない特性を持った仕組みであるだけに、Web3を使えばどんなことが実現できるのか、本当のところ完全にわかっている人はいません。

Web3のことを「打つべき釘を探しているハンマー」と表現する人もいます。この表現は、使い途のはっきりしていない技術が先にあり、後からニーズを探し求めるようなケースに使います。

私自身、Web3技術に触れ始めて面白いと感じてはいましたが、これがいったい何に使えるのか、ピンと来ていなかったというのが正直なところです。

しかし、Solidityを使ってスマートコントラクトのプログラミングを行ない、NFTを作っているうちに、少しずつWeb3で目指すべき方向性が見えてきました。

私の取り組みについては第3章で詳しく説明するとして、第2章では現在のWeb3ビジネスでいったいどんなことが行なわれているのかを解説していくことにしましょう。

第2章 Web3業界の現状

Web3業界とは何か？

Web3業界については黎明期であり、まだ世の中に明確な価値が提供できていない段階です。とはいえ、どんなサービスがあるのかわからなければ、自分がそこで何ができるのかもわからないと思いますので、現時点での「Web3業界」を概観してみます。

Web3を2階層に分ける

Web3業界を大きく分けると、「**プラットフォームレイヤー（インフラレイヤー）**」に位置するビジネスと、「**アプリケーションレイヤー**」に位置するビジネスの2階層に分けることができます。

Web3のビジネス

階層	ジャンル	サービスの総称	主な企業名・サービス名
プラットフォームレイヤー（インフラレイヤー）	ブロックチェーン	ビットコイン・ブロックチェーン、イーサリアム・ブロックチェーン	ビットコイン財団、イーサリアム財団
	レイヤー2		
		ウォレット	MetaMask
アプリケーションレイヤー	エンターテイメント（Game-Fiなど）	Play2Earn	Axie Infinity、The Sandbox
		Move2Earn	STEPN
	NFT	NFT販売	CLONEX、Yuga Labs
		NFT取引所	OpenSea
	De-Fi	取引所（CEX）	Coincheck、Coinbase、Binance
		取引所（DEX）	Uniswap、PancakeSwap
		送金サービス	SBIレミット
	ユーティリティ	リアル店舗のサービス	スターバックスなど
		不動産	RETAP、Satoshi Island
		ウイスキー投資	UniCask
		Web2.0とWeb3をつなぐAPIなど	
	メタバース	※Web3ではない	VRChat、フォートナイト、マインクラフト

プラットフォームレイヤー：ブロックチェーンとレイヤー2

プラットフォームレイヤーに位置するものは、イーサリアム・ブロックチェーンやビットコイン・ブロックチェーンなどが代表で、ブロックチェーンやスマートコントラクトなどの技術によって、Ｗｅｂ３全体を支えるインフラのことです。

プラットフォームレイヤーは、イーサリアムやビットコインなどのブロックチェーンや、その処理を助ける**レイヤー2**というものでできています。

レイヤー２とは、メインのブロックチェーンの外で途中の計算処理を行ない、最終的な取引結果だけをメインのブロックチェーンに戻す仕組みのことです。

なぜ最初からブロックチェーン上ですべての計算を行なわずに、わざわざブロックチェーンの外側にあるレイヤー２で途中の計算を行なうのかといえば、すべての計算をブロックチェーン上で行なおうとすると、スケーラビリティの問題に引っかかってしまうからです。

スケーラビリティとは、大規模なアクセスに対応する能力のことで、すべての計算をメインのブロックチェーン上で行なっていては、ネットワークに大変な負荷がかかって処理が遅くなったり、過大にガス代がかかってしまいます。

その問題を避けるために、途中までの計算は、レイヤー2と呼ばれるブロックチェーンの外側の領域で行なうことで、ブロックチェーンに過大な負荷がかかることを避けているのです。[1] 要は、ブロックチェーンの利点を生かしながら、スピードやスケーラビリティのために作られたのがレイヤー2のブロックチェーンです。

なお、これまでに、ビットコインとイーサリアムの2つだけを取り上げてきましたが、現在では、その2つ以外のブロックチェーンも続々と生み出され続けています。その1つが、Solanaです。従来のイーサリアムよりも処理が速くガス代も低いということで、イーサリアムキラーといわれています。

プラットフォームレイヤーの中にはWeb2・0の世界とWeb3の世界をつなげるサービスを提供している企業もあります。Web2・0のサービスから単純にブロ

1 ちなみに、ブロックチェーン上で行なう処理のことを「オンチェーン」での処理と呼び、ブロックチェーンの外で行なう処理のことを「オフ・チェーン」での処理と呼ぶ

ックチェーンにつなげられるわけではありません。そこで、Web2・0のサービスからAPI（Application Programming Interface）という仕組みを使い、従来に近い方法でWeb3を呼び出せるようにするサービスが必要とされているわけです。

基本的にほとんどのブロックチェーンの基盤技術はオープンソースで開発されており、開発それ自体をビジネスにしているわけではありませんが、APIを提供している会社などは手数料ビジネスを行なっています。

アプリケーションレイヤーの5つのビジネス

アプリケーションレイヤーは、大きく5つに分かれます。

・エンターテイメント
・NFT
・De-Fi
・ユーティリティ
・メタバース（※Web3ではない）

メタバースについては、現時点では、処理速度の問題から、Ｗｅｂ３の技術で作るのは難しく、第1章で紹介したような「なんちゃってＷｅｂ３」がほとんどですが、多くの方が関心を持っている分野であると思いますので、本書でも触れておきます。

Ｗｅｂ３ビジネスの中で盛り上がりを見せているのがゲーム、中でもＧａｍｅ-Ｆｉです。Ｇａｍｅ-Ｆｉは、Game+Finance（金融）から生まれた造語で、コンピュータゲームの世界にＷｅｂ３による金融の仕組みを持ち込んだものです。そもそもブロックチェーンを利用したゲームは、改ざんがされにくい、ゲーム内のキャラクターや獲得したコインなどをゲーム外でも使うことができるといった特徴がありましたが、そこに「稼げる」という要素が加わり、注目されることが増えてきました。

代表的な手法として、遊んで稼げるPlay2Earn（プレイトゥアーン）、歩いて稼げるMove2Earn（ムーヴトゥアーン）、眠って稼げるSleep2Earn（スリープトゥアーン）などがあり、これらを総称してX2Earnゲームといいます。

多くの X2Earn ゲームには、次のような特徴があります。

・特定のＮＦＴを保有していないと遊べない（他人からＮＦＴを借りて遊ぶことが可能なものもある）
・ゲームをプレイすることで、ゲームの独自暗号資産（アプリコイン）を稼げる
・アプリコイン[2]は、暗号資産取引所で売買できる
・アプリコインで新たなＮＦＴを入手したり、ＮＦＴを強化できる

二つの代表的な例を挙げて説明しましょう。

GameFi（Play2Earn）

Axie Infinity（Sky Mavis社：ベトナム）

遊んで稼ぐPlay2Earnゲームの一種であるAxie Infinityは、モンスターを戦わせる対戦型ゲームです。参加したい人は、イーサリアムなどの暗号資産でモンスター型のNFTを購入してプレイし、ゲームの成績によってSLPというAxie Infinityが提供するアプリコインを獲得できるようになっています。また、所有しているNFTのモンスター同士を交配させて新しいモンスターを生み出し、ゲーム内の公式マーケットプレイスで販売してSLPを稼ぎ出すことも可能です。

さらにAxie InfinityのようなX2Earnゲームの多くは、スカラーシップという仕組みを導入しています。

2　暗号資産の一種で、そのゲーム内で利用できるコイン

Axie Infinity

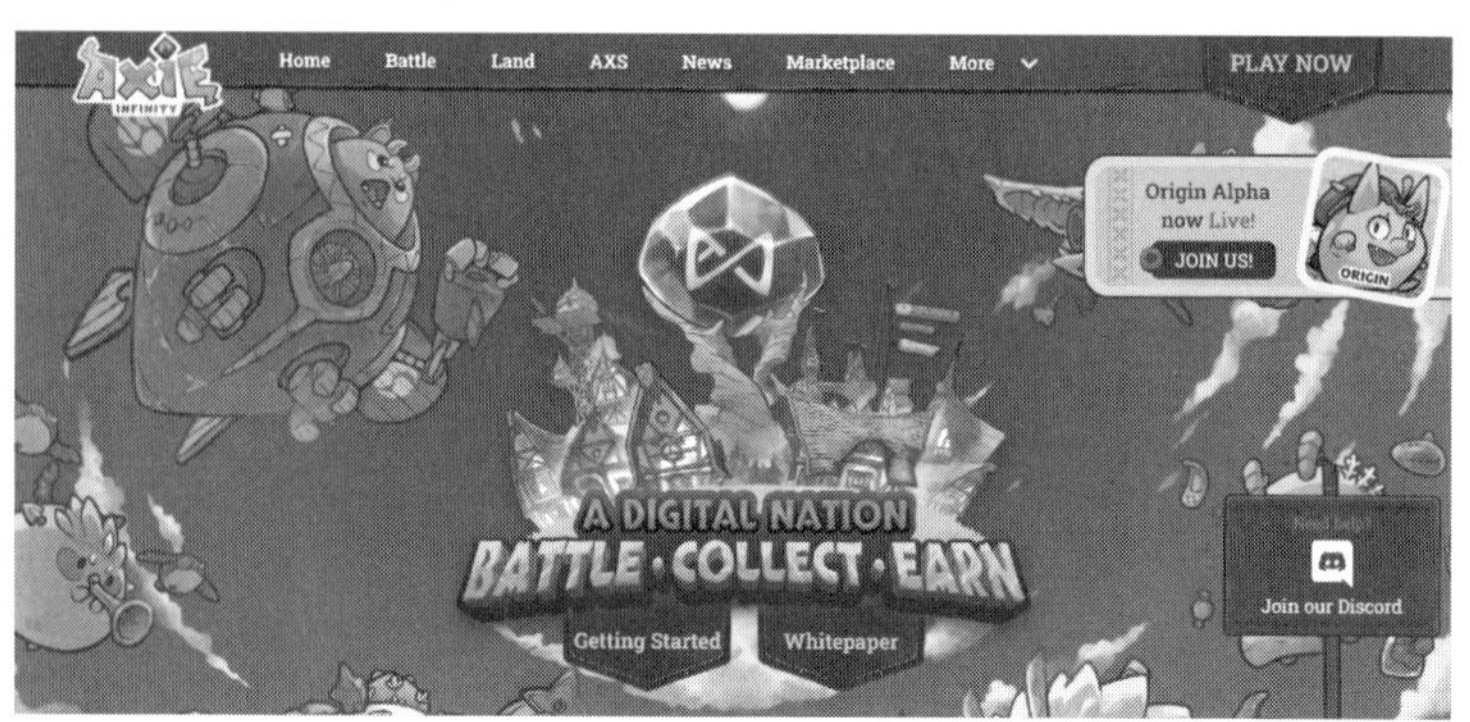

https://axieinfinity.com/

スカラーシップとは、NFTを自分で購入する資金を持たない人たちが、マネージャーと呼ばれる、すでにNFTを持っている人から借りることによってゲームを行なうことができる仕組みです。借りたNFTによって、スカラーの人たちがアプリコインを稼ぎ、その利益をマネージャーとの間で配分します。

こうしたゲームは、プレイを始めるのに必要なNFTの価格が数十万円となることもあり、ユーザーにとっては敷居が高くなってしまいます。そこで資金に余裕のあるマネージャーが資産運用の一つとしてNFTを購入して、スカラーを雇ってその人にゲームをしてもらえば、アプリコインを稼げますし、スカラーの側は、ゲームをプレ

Axie Infinity の仕組み

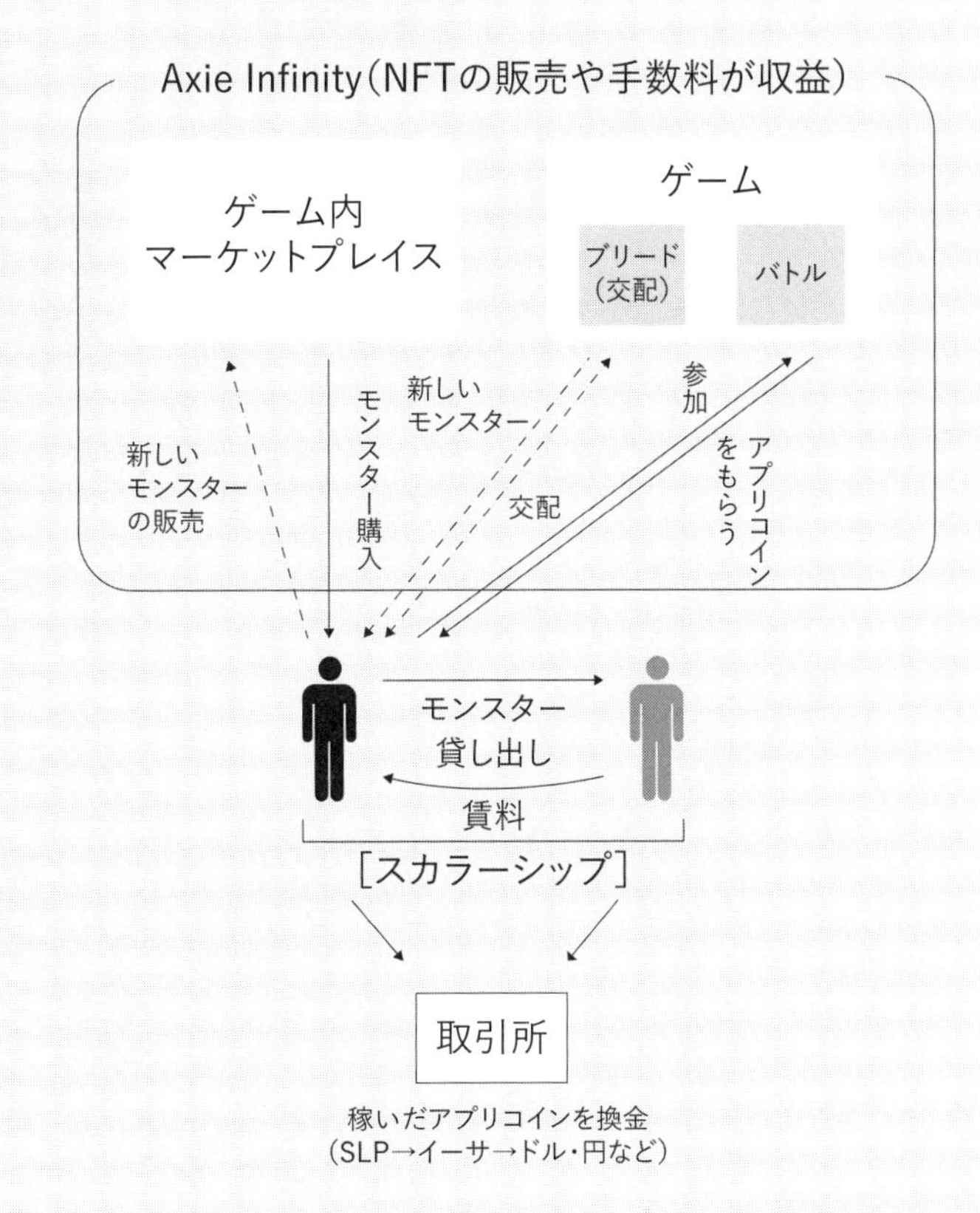

イする時間さえかければ、手持ちの資金がなくてもアプリコインを稼ぐことができるようになるWin-Winの仕組みです。

なぜゲーム独自のアプリコインを稼ぐことで、リアルのお金を稼げるのかといえば、ＳＬＰも他の暗号資産と交換できる暗号資産の一つであるからです。獲得したＳＬＰを暗号資産取引所で他の暗号資産と交換し、それをまた円やドルなどの法定通貨と交換するのです。

実際、一時期、フィリピンなどではX2Earnゲームで生活費を稼いでいる人が出ていました。

しかし、コインの価格が暴落したことなどから、現在プレイヤーは減少し、方針の変換を迫られています。

Game-Fi（Move2Earn）

STEPN（Find Satoshi Lab社：オーストラリア）

STEPNは、歩いて稼げるMove2Earnゲームの一種です。

参加するには、ゲーム内の公式マーケットプレイスでスニーカー（NFT）を購入し、現実の世界で歩いたり走ったりするとアプリコイン（GST）がもらえます。また、持っているスニーカーの種類やレベルによって稼ぐ効率が変わったり、同じスニーカーを使い続けていると修理代を出して耐久性を上げないと稼ぎづらくなるといった仕組みもあります。費用（GST）はかかりますが、保有しているスニーカー同士をかけ合わせて新しいスニーカーを作り、ゲーム内のマーケットプレイスで売却することもできます。

STEPN

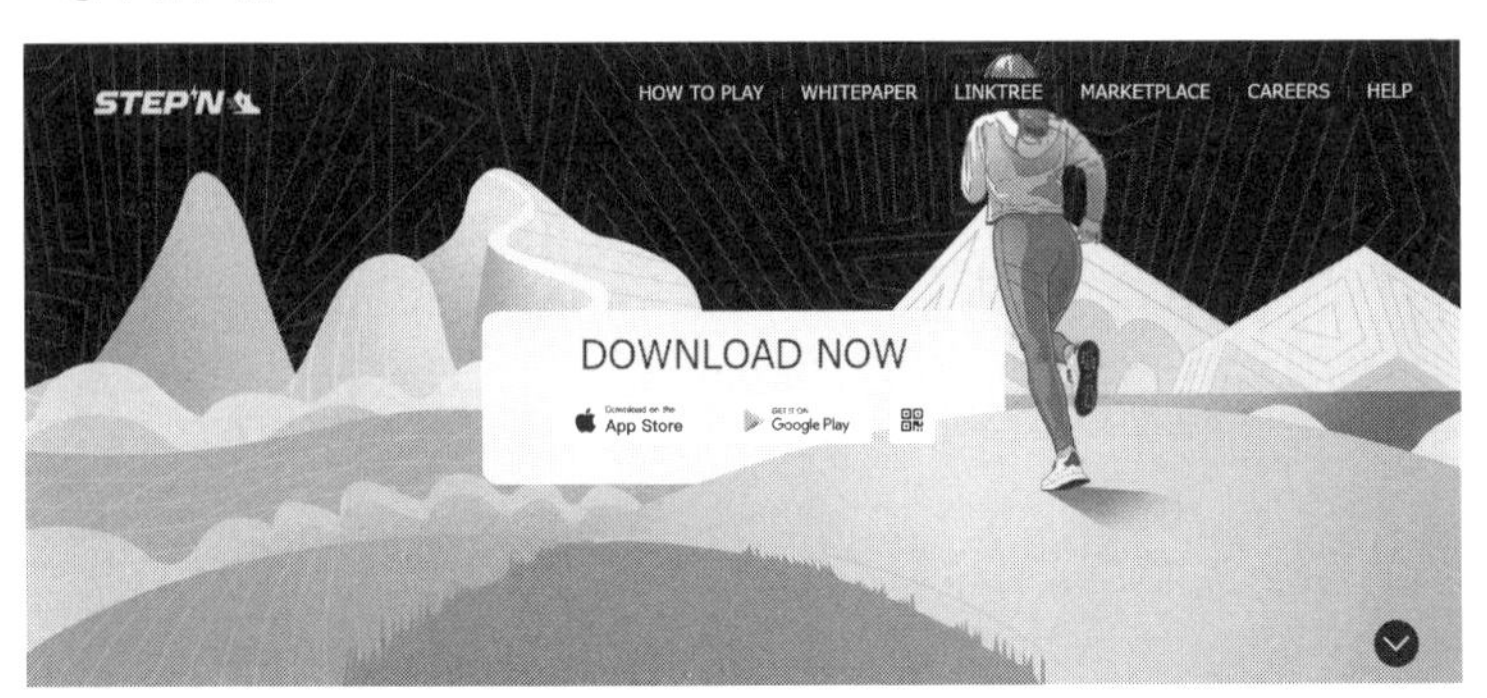

https://stepn.com/

STEPNの仕組み

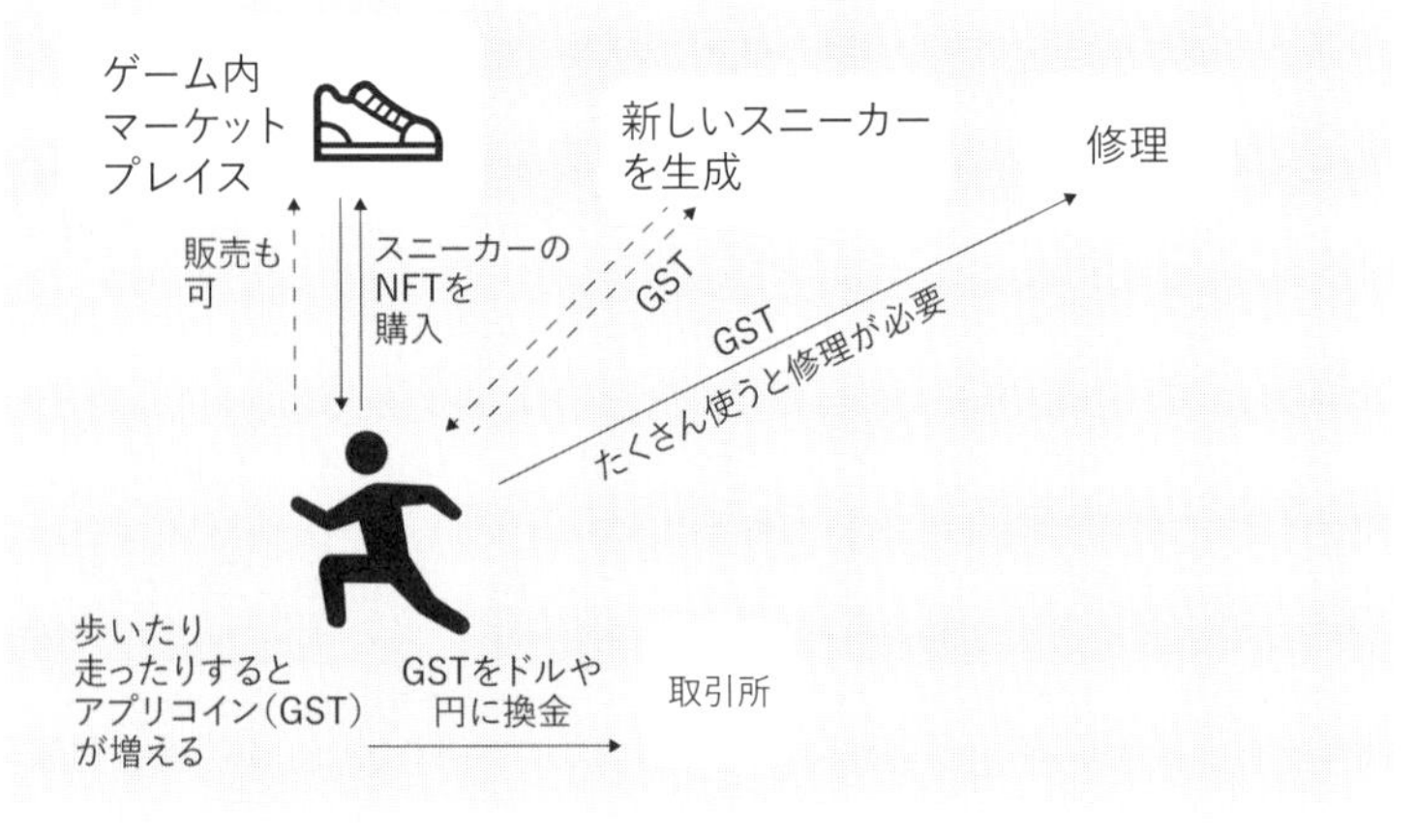

GameFiの仕組み

従来型のスマホのゲームアプリを含めた、X2Earnではない一般的なネットゲームの運営者の主な収入源は、ゲーム内に表示される広告からの広告収入だったり、ユーザー自身の課金によったりしているものです。一方、Axie InfinityにしてもSTEPNにしても、X2Earnゲームの運営者は、NFTの販売そのものを主な収益源とする形になっています。

先に説明した通り、X2Earnゲームを始めるには、そのゲーム内で販売されているアイテム（NFT）を購入する必要があります。その購入資金がそのままゲーム運営者側の利益になります。

ゲーム運営者にとってNFTの粗利益率はほぼ100％です。

ゲームを頑張ったユーザーに報酬を還元しているのに、なぜそんなことが可能なのでしょうか。

その仕掛けは、**「ゲームの運営者は、アプリコインと呼ばれるゲーム内で使用できる独自の暗号資産を（理論上）いくらでも発行できる」**という錬金術にあります。ゲームの運営者は、ゲームのプレイヤーが大量のアプリコインの報酬を得たとしても、その報酬を支払うためには、元手ゼロで新たなアプリコインを発行すればいいだけなので、いつまでも自分の懐は痛まないのです。

さらに、ゲームに参加するためのＮＦＴも、ガス代程度でいくらでも発行できます。ゆえに、ＮＦＴを購入して、そのゲームに参加する人が増えれば増えるほど、新たに購入されたＮＦＴ分の利益のほとんどが、ゲームの運営者側の利益になっていくという仕組みなのです。

国家の中央銀行は、紙幣を印刷して市中に供給しますが、X2Earn ゲームの運営者が行なっているのも同じことです。

しかし、ユーザーとしては、コインの下落があれば損をしてしまいます。アプリコインを発行して暗号資産取引所に上場したところで、ニーズのない独自暗号資産に値段はつきませんから、ユーザーにとって魅力的な報酬にはなりません。

そこでX2Earnゲームでは、アプリコインを使って、モンスターやスニーカーなどを強化したり、新しいNFTのアイテムを生み出せるようにし、それをゲーム内のマーケットプレイスで販売できるようにしています。

この仕組みがあることで、アプリコインのニーズを作り出して、価格を保とうとしているのです。

これらのゲームは、「元が取れなくてもかまわない」「楽しんで健康になれるのならよい」という気軽な気持ちで遊ぶ分にはよくできたゲームです。しかし、実際のところ、これらのゲームの大半のユーザーが「楽して儲けたい」という理由で参入している点が大きな問題です。「元を取らなければ」「もっと稼ぎたい」と思い始めた途端、泥沼に引きずり込まれる可能性が高くなるからです。

Play2Earnの問題点①：アプリコインの価格操作

ゲーム運営者がアプリコインを発行しすぎると、アプリコインの市場価格が下落してしまい、ユーザーが稼ぐことができなくなってしまいます。ゲーム運営者は、アプリコインの市場価格を見ながら、アプリコインの発行量や消費量を微妙に調整し続ける必要があります。

先に、アプリコインの発行は中央銀行の紙幣発行と同じといいましたが、発行量の調整についても中央銀行の役割と同じです。中央銀行も市場に流通する紙幣の量を調整することにより、他国通貨との為替レートをコントロールしているわけです。

ゲームをローンチする時点でコミュニティが十分に盛り上がっていれば、新規に流入してくるユーザーによってＮＦＴの価格は高く保たれます。この時期であれば、ゲーム運営者は気前よくアプリコインを報酬としてユーザーに還元することができます。報酬を得た初期のユーザーは、ＳＮＳで「２か月で元が取れた！」などと騒ぎ立てますから、それが呼び水となって、さらに新規ユーザーが流入してくることになります。

マーケットプレイスでのＮＦＴ価格が高く保たれ、新規に発行されたＮＦＴもきちんと売り切れる好循環が生まれれば、ユーザーも満足しますし、運営者も利益を上げ続けることができます。

一方で、うまくいかない場合、ＮＦＴとアプリコインの価格に関して、ゲーム運営者が市場に介入して価格操作を行なうことも不可能ではありません（取引の履歴はブロックチェーン上に残りますが）。

Play2Earnの問題点②：ポンジスキーム

Ｇａｍｅ-Ｆｉのビジネスは、単純にいうと、後から入ってきた人から得た収益を、当初から始めていた人に回すような仕組みになっています。１０００人の参加者が入れば最初の１００人が儲かり、１万人が入れば最初の１０００人が儲かる、というものです。そうやって「いつかは元が取れる」という幻想をプレイヤーに抱かせ続けるのが、X2Earnゲームのビジネスモデルです。

このビジネスモデルは、あくまで「ユーザーが増え続けてＮＦＴ価格も高く維持できている限りにおいて」成立します。新たなユーザーが永遠に増え続けない限り、ビジネスは成立しなくなってしまうため、本質的にはポンジスキームやネズミ講と同じといえます。

ポンジスキームというのは、後から参加した人が投資したお金を、先に投資した人に配当として渡してしまう投資詐欺のこと。考えてみれば、そう後から後から新しいユーザーが入ってくるとは限らないわけですが、購入したＮＦＴが値上がりすることをユーザーが期待している限り、いつかはユーザーの期待を裏切ることになるのです。

X2Earnゲームではユーザーに対する報酬を独自のアプリコインで行なっているため、ポンジスキームであることがわかりにくく、法的な規制も難しい状況です。

Play2Earnの問題点③：「なんちゃってWeb3」

「入手したＮＦＴはサービスとは独立して永遠にユーザーのもの」と主張するX2Earnゲームの支持者もいますが、これはデタラメです。繰り返し述べてきたように「なんちゃってＷｅｂ３アプリケーション」の場合、運営者がそのサービスを停止すれば、画像を含めたＮＦＴのメタデータはこの世の中から消えてしまいます。

GameFiは搾取ビジネスか？未来があるサービスか？

結論から先にいえば、NFTゲームのビジネスモデルは、

- NFTブーム
- Web3に対する人々の期待と誤解
- 規制当局の目が十分に届かない暗号資産市場
- 広がり続ける貧富の差と情報格差

を最大限に活用した、「ガチャ」に続く新たな「搾取ビジネス」といえます。

そのエグさは、パチンコやガチャをしのぐほどのもので、上手に運営すれば、巨万の富を築くことが可能です。だからこそ、数多くのベンチャー企業が参入しているし、ベンチャーキャピタルのお金が彼らに流れ込んでいるのです。

このビジネスを成功させる上で重要なのは、次の4点です。

・Discord などを活用したコミュニティ作り
・魅力的なアプリケーション
・「独自暗号資産アプリコインの発行」を使った錬金術
・参入障壁を下げ、「投資」を可能にするスカラーシップシステム

プロジェクトの立ち上げ時には、それなりのお金をかけてコミュニティを作る必要がありますが、一度コミュニティができて、Play2Earn の仕組みが回り始めると、NFTを所有しているプレイヤー自身がポジショントークをしてくれるので、それがよい形でのバイラル・マーケティングとなってくれます。

その後は、アプリコインやNFTの価格が暴落しないようにゲームバランスを調整しつつ、新たな稼ぎ方や新たなNFTの強化方法を追加することにより、「いつかは元が取れる」「もっと強いNFTを入手すれば稼げるようになるに違いない」という幻想をプレイヤーに抱かせ続けて、さらにビジネスを広げる、という具合です（この手のプロジェクトがいかに悪質で、法律で規制することが難しいかを理解していただくために、皮肉を込めて「ビジネスの手引書」のように書きましたが、決して真似はしないでください）。

なんだか頭が痛くなりそうな話ですが、本当に重要なのは、ＧａｍｅＦｉに流れ込むお金とその目的です。流れ込むお金のすべてが、たとえば「一儲けしたい」という「投資マネー」だけである限り、その本質はポンジスキームと同じで、皆でゼロサムゲームをしているだけなのです（正確には、手数料の分だけマイナスです）。

唯一の救いは、これが問題だということをAxie Infinityの運営者も理解している点ですが、２０２２年10月現在では「投資マネー」以外のお金が流れ込む仕組みは作れていないし、現状のユーザー層（スカラーとマネージャー）を見ている限り、そんな仕組みを作ることは簡単ではないように私には思えます。

以上、ＧａｍｅＦｉに対する私の評価を書きましたが、私は、そのすべてが詐欺だとも思っていないし、ＧａｍｅＦｉの未来には、大きなポテンシャルがあるとすら考えています。

Axie InfinityのようなＧａｍｅＦｉから学べる一番の教訓は、**「投資マネー以外のお金が流れ込む仕組み」を最初から作っておくことの重要性です。**広告でもよいし、「遊びたい人」や「凄いプレイを見たい人」からお金を取る仕組みでもよいので、投資マネーではないお金（つまり、リターンを求めないお金）が流れ込む仕組みをちゃんと作った上でＮＦＴゲームを作らない限り、それは本質的にはポンジスキームで、いつかは破綻するのです。

ゲームビジネスにおいて大切なことは、ユーザーがお金儲けのためではなく、ゲームの魅力そのものにお金を支払ってくれるようにすることだと私は考えています。ユーザーの主目的がお金儲けとなるゲームは、長く遊んでもらえず持続可能ではなくなります。

ソーシャルゲームを手がける日本のゲーム企業は、射幸性を煽るガチャによって情報弱者のユーザーから搾取し、多大な利益を上げてきました。優秀なエンジニアたちの頭脳が「いかにユーザーの射幸性を煽って課金させるか」に使われているのはとても悲しいことです。こうしたノウハウを蓄積してきたゲーム企業は今後X2Earnのゲーム市場に参入してくるでしょうから、それによる消費者被害も急増する怖れがあります。

最後にゲーム自体にも力を入れており、仕組みとしてもユニークなサービスを一つ紹介しておきましょう。

Game-Fi（Play2Earn）
The Sandbox
（Pixowl社：アメリカ）

The Sandboxは、クリエイターへの収益の還元を掲げるGame-Fiです。
The Sandboxには、独自の暗号資産であるSANDの他に、メタバース上の土地LAND（NFT）があります。
LANDを購入すると、同社が提供するゲームで遊ぶだけでなく、その土地でゲームやサービスを作って提供することで、収益が期待できます。
The Sandboxのユニークな点は、ただ遊んで稼ぐというのではなく、クリエイターのコミュニティを目指していることです。従来のゲームは誰かが提供するゲームを遊ぶというものでしたが、The Sandboxは、誰でも手軽にゲームや作品が作れるようなツールも提供しており、参加しやすくなっています。そして、作ることでクリエイターのエコシステムに貢献してくれた人に報酬を出すという考え方です。作品の所有権

The Sandbox

https://www.sandbox.game/jp/

もブロックチェーンとスマートコントラクトで保護する仕組みとなっています。

ＬＡＮＤは有限で、ＬＡＮＤをいくつかつなげたＥＳＴＡＴＥという大きめの土地も販売しています。

いくつかの大手企業がパートナーとして入っており、ＮＦＴの販売やゲームの提供などのサービスを行なっています。

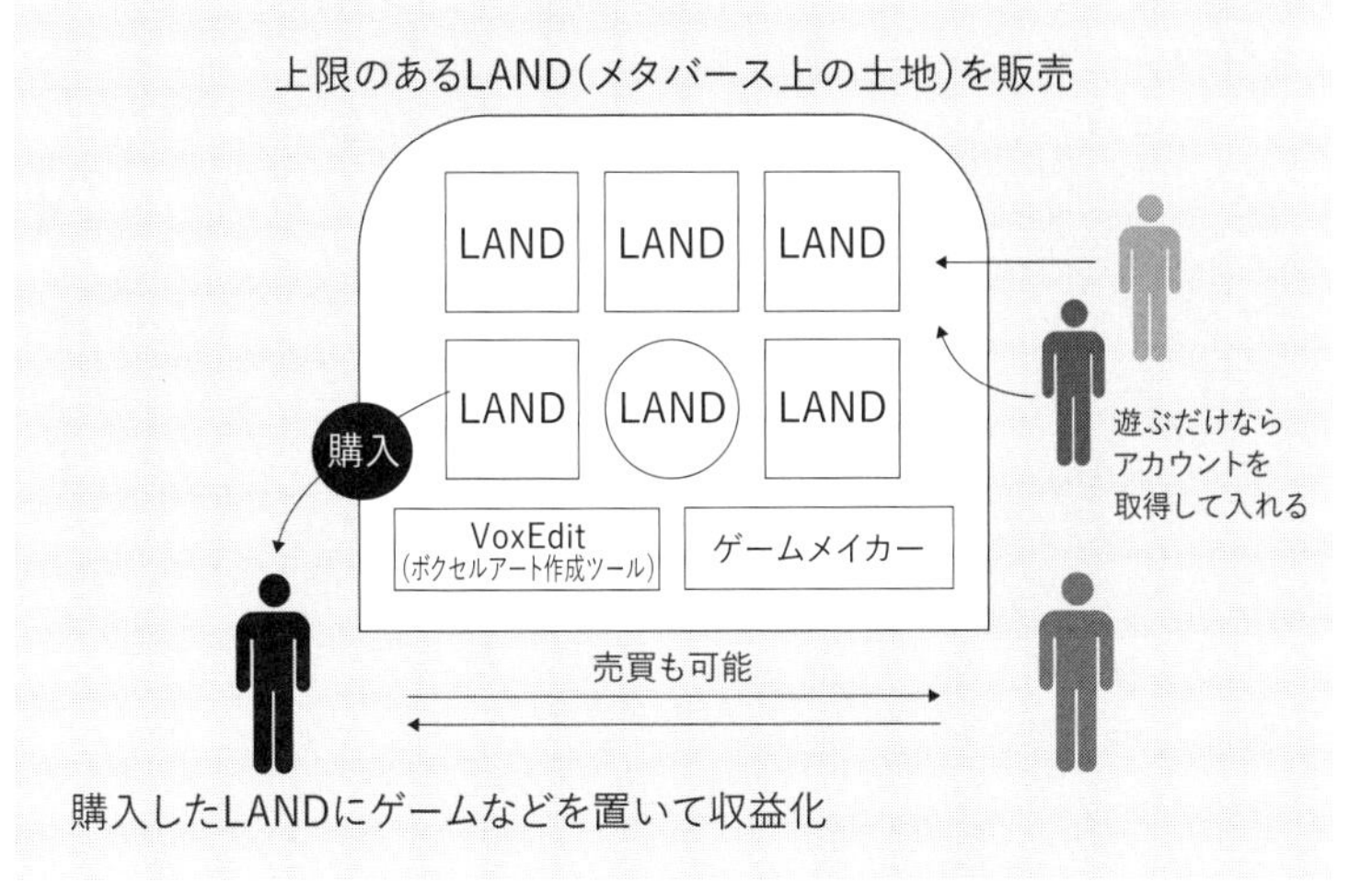
The Sandboxの仕組み
上限のあるLAND(メタバース上の土地)を販売
LAND
LAND
LAND
LAND
LAND
LAND
購入
VoxEdit
(ボクセルアート作成ツール)
ゲームメイカー
遊ぶだけなら
アカウントを
取得して入れる
売買も可能
購入したLANDにゲームなどを置いて収益化

NFT

第1章で説明したように、アートＮＦＴは、当初アーティストが自分の作ったデジタルアート作品を一品物のＮＦＴとして売り出すという形で始まりました。有名なアーティストなら数億円の価値が付くこともありますが、ほとんどのＮＦＴは大した値段にはなりません。それでもデジタルアートを収益化できるようになったことは、アーティストにとって画期的なことでした。

その後主流になったのは、アーティストが自らの手で生み出した「アーティストＮＦＴ」ではなく、ソフトウェアを使って大量の画像を自動生成し、それらをアートＮＦＴとして販売する「**ジェネラティブＮＦＴ方式**[3]」です。ジェネラティブといっても、ゼロから自動生成するのではなく、様々な部品をランダムに組み合わせるようになっています。

NFTには、様々な可能性が広がっています。

レアな作品を所有して人に自慢したいという人もいれば、NFTを持つことで同好の士と集まりたいという人もいる。将来的な値上がりを期待して投機しようと考える人もいるでしょう。また、何らかの権利をNFTとしてやりとりするということも行なわれています。あるNFTを持っていると、特別なイベントに参加できる、ディスカウントで商品を購入できる、そうしたユーティリティ（便利な機能を持たせたもの）としてNFTを発行する例も出ています。

ただし、まだビジネスとしてうまくいっていないものもあります。たとえば、NFTをコンサートのチケットに使おうというような話は始まっています。アイデアとしてはすごくいいと思いますが、ウォレット[4]を持っている人しかチケットが買えないとなると、当然ながら普通の人がチケットを買うのが難しくなってしまいます。

ここから、NFTを用いたビジネスの例として、特別なNFTを発行することをビジネスにしているサービスと、NFTのマーケットプレイス（取引所）について説明します。

3　ジェネラティブを直訳すると「生成」や「発生」といった意味になる
4　暗号資産をしまっておける電子財布のようなもの。148ページ参照

NFT（販売）

CryptoPunks（Larva Labs社：アメリカ）

世界最初のジェネラティブNFTは、CryptoPunksです。シュールな印象のあるドット絵の人のアイコンを見かけた方もいるかもしれません。[5]

CryptoPunksは、カナダのソフトウェアエンジニア、マット・ホールとジョン・ワトキンソンが立ち上げたLarva Labsという会社から、2017年にリリースされました。

CryptoPunksの面白いところは、NFTをSNSのアイコンに使おうという発想です。2人が1万個限定でリリースすると、NFTコレクターの間で大人気になり、多くの人たちがツイッターなどのSNSのアイコンとして使うようになりました。その後、世界で最初の、それぞれが唯一無二のジェネラティブNFTアートという点も相まって、CryptoPunksを所有することがNFTコレクターの間でステータスシンボルになったため、数千万円から数億円もの価格で取引されたこともありました。

https://www.larvalabs.com/cryptopunks

２０２１年8月にはクレジットカード会社として知られるVｉｓａが、１つのCryptoPunksを約１６５０万円で購入したり、当時の価格で約27億円で購入されたCryptoPunks（CryptoPunk5852）があったり、アメリカのラッパーのスヌープ・ドッグ氏が、当時の価格で約3億円でCryptoPunk3831を購入したりして話題になりました。日本では、エイベックス会長の松浦勝人氏やインフルエンサーのイケダハヤト氏などが購入したことによっても話題になりました。

現在はCryptoPunksのほかに、Meebits

5　画面上にあるファイルやプログラムなどをイラスト化して表したもの、もしくはプロフィール画像

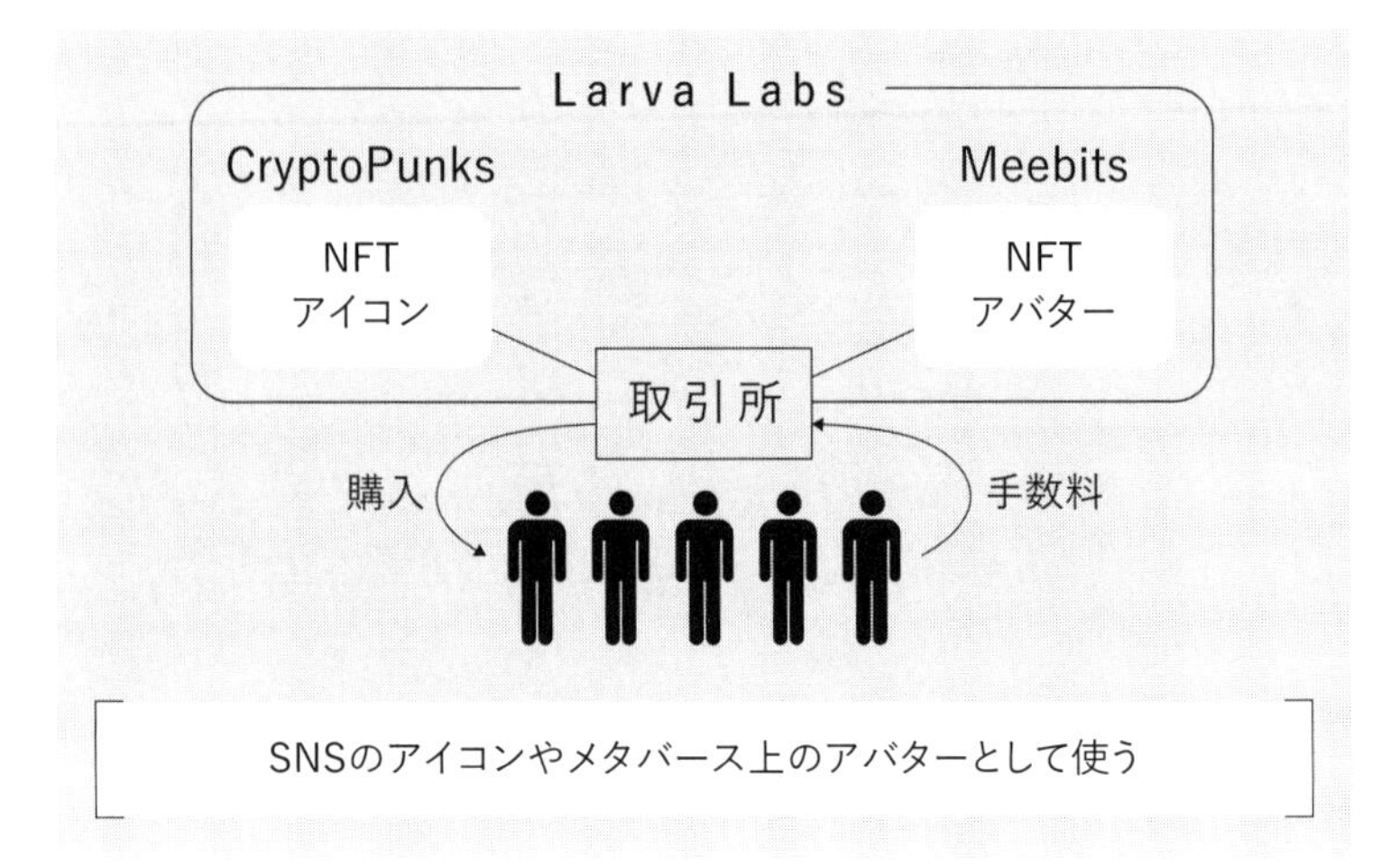

という3Dドット調のアートNFTの販売も手がけています。

NFT（販売）

Bored Ape Yacht Club（Yuga Labs社：アメリカ）

CryptoPunksの発行後、様々なジェネラティブNFTが発行されるようになり、2021年から2022年にかけてNFTはブームと呼べる盛り上がりを見せました。たとえば、「ジャスティン・ビーバーやエミネムなどのアメリカのセレブ層が、Yuga LabsというアメリカのNFT制作スタジオが手がけるサルのイラストをモチーフにしたアートNFTを大量に購入して、それらアートNFTの価格が高騰している」といったニュースをネット上で見た方もいるのではないでしょうか？

こうしたブームは共通のNFTコレクションを保有するコミュニティによって支えられています。NFT周りのコミュニティは自然と作られていくケースもありますが、たいていは、GameFiと同様、NFTコレクションの発行元がDiscordなどを使い、人為的に形成したものです。

Bored Ape Yacht Club

WELCOME TO THE BORED APE YACHT CLUB

BAYC is a collection of 10,000 Bored Ape NFTs—unique digital collectibles living on the Ethereum blockchain. Your Bored Ape doubles as your Yacht Club membership card, and grants access to members-only benefits, the first of which is access to THE BATHROOM, a collaborative graffiti board. Future areas and perks can be unlocked by the community through roadmap activation.

https://boredapeyachtclub.com/#/home

ＮＦＴにコミュニティなどの価値を付加してビジネスを成功させたのが、２０２１年にYuga Labsからリリースされた、Bored Ape Yacht Clubです。Yuga Labsは、アーティストやシナリオライターを含むクリエイター集団です。

Yuga Labsは、２０２１年の４月に、Bored Ape Yacht Club（以下ＢＡＹＣと略）と名付けたＮＦＴを、１つ０・８イーサ（当時の価格で2万円程度）で１万個発売しましたが、その後、ジャスティン・ビーバーなどの有名人が購入したことにより、１つ当たり１００イーサ（約４０００万円）を超える価格で取引されるほどの人気を作り出すことに成功しました。

その後、ＢＡＹＣは有名人やＮＦＴ所有者だけが参加できるイベントを開くことで、ブランド価値を高めていきました。ＢＡＹＣ以後も様々なＮＦＴをリリー

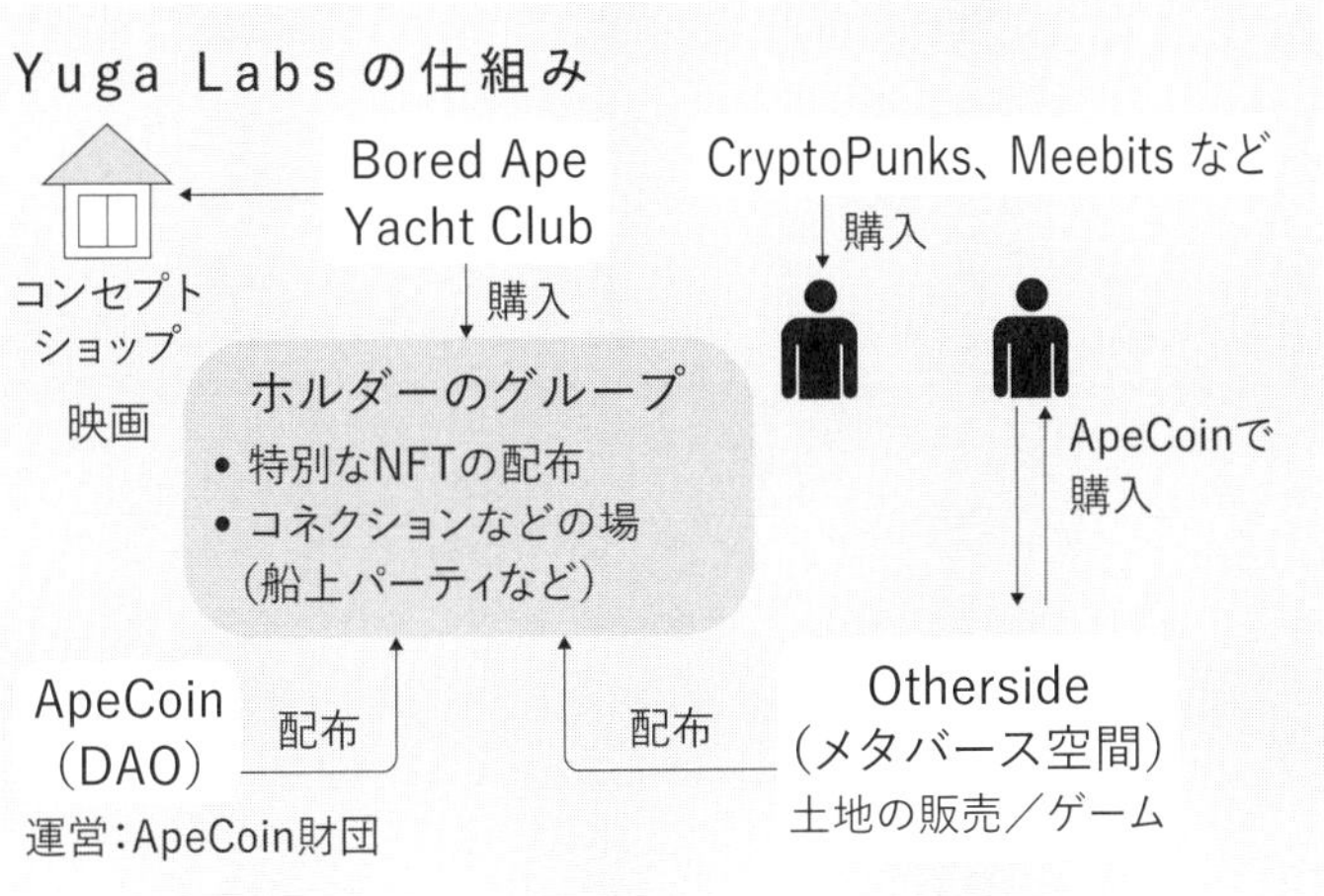

Yuga Labsの仕組み

Bored Ape Yacht Club
CryptoPunks、Meebitsなど
購入
コンセプトショップ
映画
購入
ホルダーのグループ
• 特別なNFTの配布
• コネクションなどの場（船上パーティなど）
ApeCoinで購入
ApeCoin（DAO）
運営：ApeCoin財団
配布
配布
Otherside（メタバース空間）
土地の販売／ゲーム

スし、巨大な経済圏を作っていきました。

Yuga Labsが上手なところは、NFTを持っている人（NFTホルダー）の信頼感を高め続けているところです。

たとえば、BAYCを持っている人たちに対して、新たに発行したNFT（Mutant Ape Yacht Club、Bored Ape Kennel Club）をプレゼントし、それらのNFTが市場でさらに高騰する好循環を上手に作り出し、ファンからも信頼を得ているし、実際に数千人単位のミリオネアを作り出しています。

また、ApeCoin[6]という独自の暗号資産を発行し、ApeCoin DAOと呼ばれる

6　ApeCoin DAOの運営はYuga LabsではなくApeCoin財団

組織を作った時には、「ApeCoinはBAYCエコシステムの通貨となる」とアナウンスし、発行額の15%をBAYCホルダーに無償配布しました。

ApeCoinは、その後高騰し、ホルダーは大きな利益を得たことになります。こうしてYuga Labsは、ホルダーからさらなる信頼を次々と勝ち取ることに成功しています。

Yuga Labsはメタを超えるか？

Yuga Labsは2022年の3月にLarva Labsが発行していたCryptoPunksとMeebitsのIP（知的財産）を買収しています。[7] IPの買収ですが、Yuga LabsにとってはNFT市場のトップ25に入る6つのNFTを持つことになりました。[8]

もしこのまま、NFT市場がバブルとして弾けることなく成長するとすれば、Yuga LabsがGAFAMの一員のような存在になる可能性もあると思います。

2022年2月には、米著名ベンチャーキャピタルであるアンドリーセン・ホロウイッツの仮想通貨投資部門であるa16z Cryptoから、当時のお金で約550億円の資金調達を行ないました。[9] 資金面について外部から調達する必要などなかったとは思いますが、著名なベンチャーキャピタルからお墨付きをもらうことにより、「Web3業界の勝ち組」になることを確定したかったのだと想像できます。ちなみにこの時、Yuga Labsは、株式だけでなく独自のApeCoinもアンドリーセン・ホロウィッツに提供しています。[10]

その後、Othersideと呼ばれるメタバースも発表し、2022年4月には、Othersideの土地をNFT化して発売、1日で5万5000区画の土地を即完売させ320ミリオンドル（約410億円）の売上を上げて、話題になりました。

7 Join TechCrunch+, Bored Apes maker Yuga Labs acquires CryptoPunks NFT collection（https://techcrunch.com/2022/03/11/bored-apes-maker-yuga-labs-acquires-cryptopunks-nft-collection/）2022年3月12日
8 CoinMarketCap（https://coinmarketcap.com/ja/nft/collections/）2022年11月23日検索
9 CoinDesk, Bored Ape Yacht Club Owner Yuga Labs Raises $450M Led by A16z（https://www.coindesk.com/business/2022/03/22/bored-apes-owner-yuga-labs-raises-450m-led-by-a16z/）2022年3月23日
10 Bloomberg, Bored Ape's New ApeCoin Puts NFTs' Power Problem on Display（https://www.bloomberg.com/news/articles/2022-03-19/nft-bored-ape-yacht-club-s-apecoin-benefits-backers-like-andreessen-horowtz?leadSource=uverify%20wall）2022年3月20日

この時もOthersideに作られた20万区画の土地のうち、3万区画をNFTホルダーへ無償提供し、還元しています。なお、それまでは新規のNFTはイーサでの販売をしていましたが、OthersideからはApeCoinに切り替え、価格を1区画「305ape」と定めました。Othersideリリース時にApeCoinの暴騰を招き、発売時点では1apeの価格が20ドルを超えるまでになっていました。つまり、メタバース上の1つの土地の価格が6000ドル（約70万円）を超える価格で販売されたのです。それが320ミリオンドル（約410億円）もの売上を1日で上げた仕組みです。

Yuga Labsは、NFTの販売や手数料で利益を得ていますが、リアルの世界でもキャラクターのショップを出店したり、映画を作ったり、メタバース・ゲームを作ったりとビジネスの幅を広げています。

Yuga LabsはIPビジネス？

当初私はYuga Labsを有望なWeb3企業だと見ていましたが、自分でWeb3のプログラミングを行なうようになって、同社に対する見方が変わりました。

これは、Yuga Labsのビジネスが成功するとか失敗するといったことではありません。

私がいいたいのは、Yuga Labsが行なっているビジネスの本質はWeb3ではない、ということです。

Web3の本質は、誰もが自由にアクセスできて、永続性が保証されたブロックチェーンです。本当の意味でWeb3ビジネスが立ち上がるとすれば、GAFAMのようなビッグテックが市場を独占するような形ではないでしょう。特定の企業や組織がコンテンツやユーザーを囲い込もうとするのは、極めてWeb2・0的なあり方といえます。

私が見るに、Yuga Labsが目指しているのは、**ディズニーと同じIPビジネスです。**Apeの魅力的なIPを使ってNFTを作り、たくさんのファンを集める。NFTを通じて高めた価値によって、ベンチャーキャピタルから多額の投資を募る。そうした調達資金を使って、メタバースや映画を作ったりする。もしかすると、将来的にはディズニーのようにテーマパークを作ったりするかもしれませんし、あるいは会社自体をディズニーに売却するということだってありえるでしょう。

そうしたビジネスがいけないといっているわけではありません。ディズニーがキャラクターを使った商品を販売したり、映画を作ったりすることに何の問題もないのと同じです。

ただ、そのビジネスはＷｅｂ２・０どころか、ずっと昔から存在するＩＰビジネスにすぎないものであるということ。これだけ大きなコミュニティとエコシステムを作ってしまった手法には、敬服の念しかありませんし、技術ばかり先行して、どんな価値をユーザーに提供するのかが明確でないメタのメタバースと比べると、勝敗の行方はすでに決まっているように私には思えます。しかし、その本質はブロックチェーンなどのＷｅｂ３が目指すものとは違うものであると私は考えています。

Ｗｅｂ３のビジネスで必要なこと

Minimum Viable Community（顧客に価値を提供できる最小限のコミュニティ）

この言葉は、アメリカの掲示板型ソーシャルニュースサイト Reddit 共同創業者のアレクシス・オハニアンのインタビュー[11]の中で出てきた言葉です。

彼が主張するのは、Ｗｅｂ２・０であれＷｅｂ３であれ、最低限のコミュニティを作れないベンチャー企業に価値はない、という指摘です。

Minimum Viable Product（ＭＶＰ）とは、最低限の機能が揃った製品やサービスのことで、ベンチャー企業が実際に世の中に役立つものを作っている指標として使われていますが、Minimum Viable Community（ＭＶＣ）のほうは、ベンチャー企業が作っているサービスや製品を、自ら進んで使い、フィードバックを与え、他のユーザーにまで広めてくれるコミュニティ（ファン）のことです。

アレクシス・オハニアンは、今の時代、ＭＶＰよりもＭＶＣのほうが大切であり、コミュニティが作れないベンチャー企業には投資する価値がないと言い切りました。彼の意見に１００％同意する必要はありませんが、消費者向けや開発者向けのサービス・製品を作る際には、コミュニティを意識する必要があることは私も同意します。

私は以前、iPad の発売に合わせて、CloudReaders（クラウドリーダーズ）という漫画閲覧ソフトをリリースして、数多くの人にダウンロードしてもらいました。にもかかわらず、ちゃんとコミュニティを作らずにいたため、CloudReaders が多くの人たちにとって「なくてはならないアプリ」になっていることを知らずにいました。iPad 向けの iOS は、アップデートされるたびにＡＰＩが変わり、本来ならばそれに合わせてアプリもアップデートしておくべきですが、私は放置していました。

11　The Unlimited Potential of Web3 with Alexis Ohanian（https://podcasts.apple.com/us/podcast/the-unlimited-potential-of-web3-with-alexis-ohanian/id1593424985?i=1000545905733）

CloudReadersは、2021年のiOSのアップデートで、とうとうまともに動かなくなってしまいました。その時になって大勢のユーザーからアップデートのリクエストをもらいましたが、あまりにもソースコードが古くなってしまったため、アップデートは不可能になっていました。せっかくの大勢のファンがいたのに、彼らに申し訳ないことをしたと思います。

製品やサービスをリリースした後も、ファンの存在を知り、コミュニティを意識して発展させていくことは、今後必要になってくる考え方だと思います。

NFT（販売）

CLONEX（RTFKT社：アメリカ）

最後にこうしたNFT販売のビジネスがどんな価値をもたらしているかについて、別の観点から触れたいと思います。

デザイン集団RTFKT（アーティファクト）による「CLONEX」という一連のNFTコレクションも人気を集めています。RTFKTは、CLONEXを次世代アバターNFTプロジェクトと位置付けており、地球外生命体によって設立されたCLONEX社が人間をデジタルのアバターに変換するという設定が用意されています。

CLONEXでは、人型アートNFT（アバター）と、それに使えるファッションアイテムのNFTを販売しており、いわばWeb3上のファッションブランドのような立ち位置にあります。アバターはWeb3上の自分の分身として使え、同社のビジネスとしては、主にそのアバターとファッションアイテムの販売です。

アーティストの村上隆氏とのコラボなどもあってCLONEXのNFTは極めて高

CLONEX

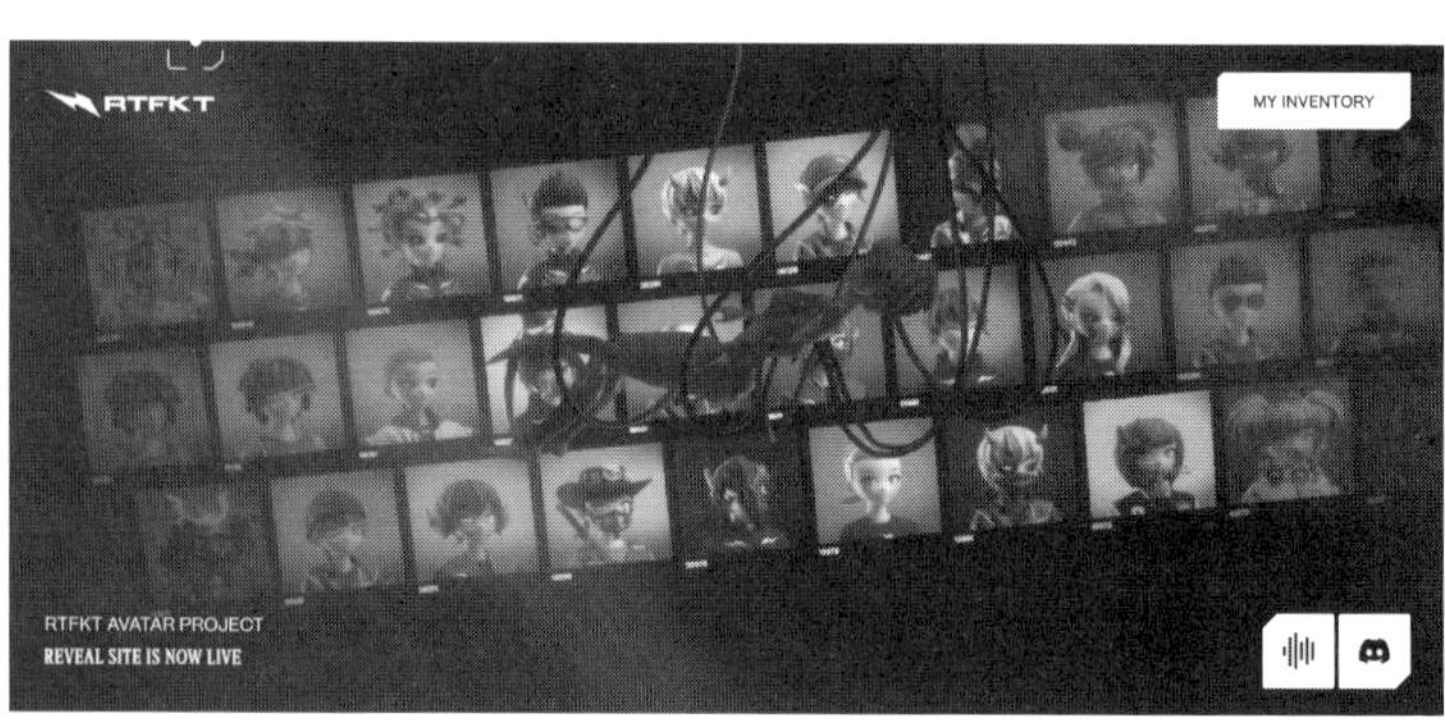

https://clonex.rtfkt.com/

額で取引されるようになりました。また、2021年12月には、アパレルブランドのナイキが運営会社のRTFKTを買収して話題を呼びました。

では、ナイキはRTFKTのどこに価値を感じたのでしょうか。

私の推測ですが、今後ナイキはレアもののファッションとNFTを組み合わせて、ビジネスを展開していくのでしょう。ナイキは非常にブランド戦略のうまい会社で、マイケル・ジョーダンなどの限定モデルをプレミアム価格で販売することもあります。こうした限定モデルは、何もせずに売れるわけではありません。ファン層が求めるストーリーを構築し、様々なマーケティ

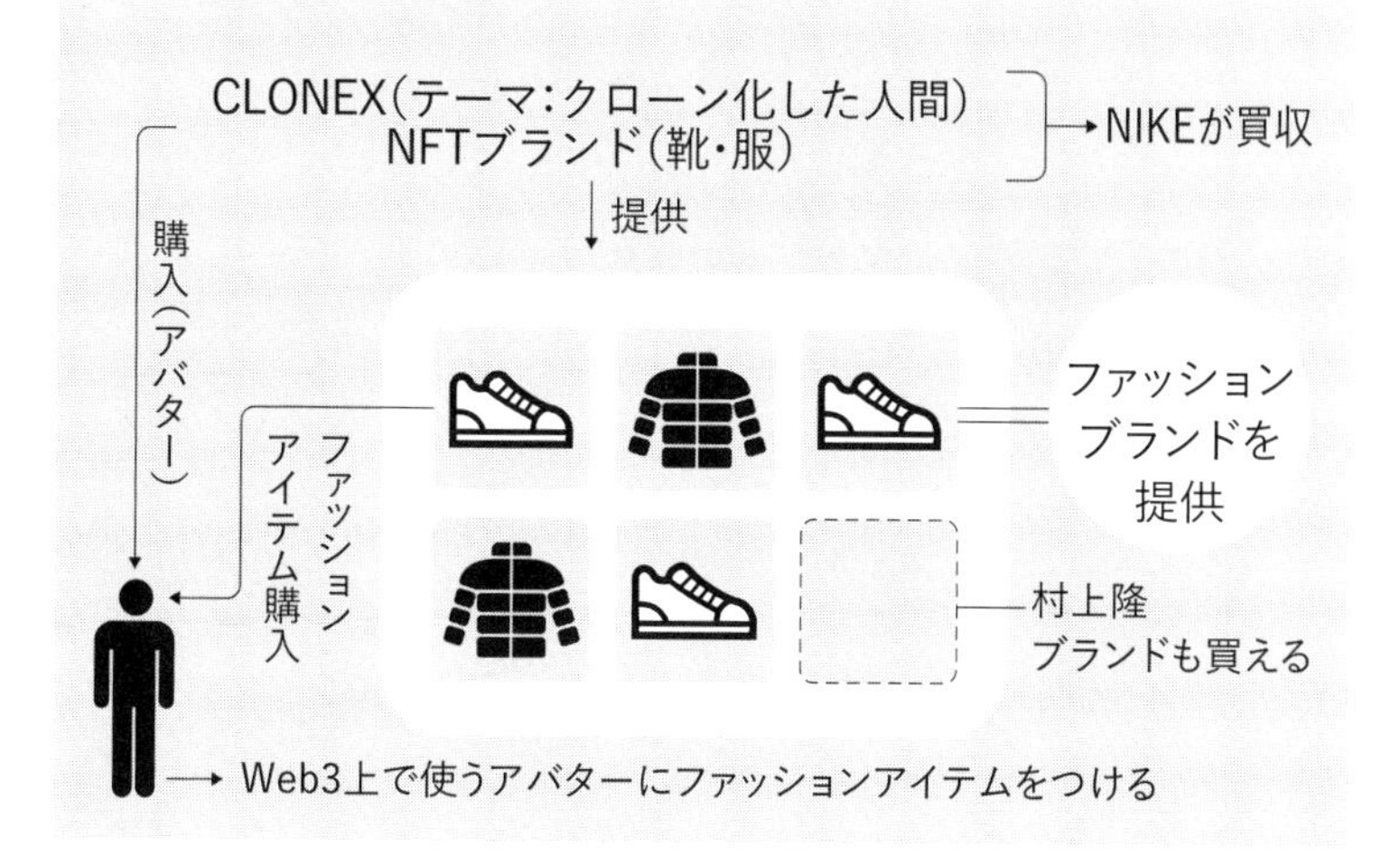

ング手法を使って期待を盛り上げてはじめてプレミアムの価値を認めてもらえるのです。

NFTも同様です。誰でも簡単にNFTを発行することはできますが、発行しただけでは誰もそんなNFTを買ってくれたりはしません。NFTに価値があると信じてもらえるだけの仕掛けを作り、ファンコミュニティを作って大勢の人を巻き込んでいく。次にはどんなプロジェクトをするのだろうという期待を煽る。そうやってはじめて、単なるデジタルデータにすぎないNFTに価値があると信じてもらえるのです。

そういう意味で、ナイキはRTFKTのマーケティング能力と、CLONEXファンの価値を高く評価したのだと思われます。

ＮＦＴの問題点

ＮＦＴがこれだけ広がった理由の一つにコミュニティがあったと述べました。ＮＦＴがリリースされる前からDiscordに人を集め、早期に参加した人たちだけが「誰よりも早く、安くＮＦＴを手に入れる権利をもらえる」と煽るわけです。このことは、上場前の株を安く手に入れる行為と似ている面もあります。

ただし、「一株当たりの利益」といった指標のある株式と異なり、ＮＦＴには指標が存在せず、期待だけで価格が決まっていきます。

ＮＦＴの世界でインフルエンサーと呼ばれる人たちは、先行者利益を活用して収入を増やし、ポジショントークを盛んに行なって市場を盛り上げようとします。Ｗｅｂ３支持者の中には「企業に利益を吸い取られるＷｅｂ２・０と違い、Ｗｅｂ３時代は消費者も利益を分かちあえる」と主張する人もいます。しかし、ＮＦＴブームがもたらした莫大な利益の大半は先行者利益によるものであり、その原資はインフルエンサーのポジショントークに踊らされて参加した人たちの財布から来ていることを理解しておくべきでしょう。

実際、２０２２年10月、アメリカではYuga Labsのビジネスが証券取引法に違反するのではないかとのことで調査が入っています。今後の法整備も必要になってくるでしょう。

NFT（取引所）OpenSea（OpenSea社：アメリカ）

NFT取引所は、NFT化されたコンテンツやアートを購入できる場所です。有名なのはOpenSeaで、世界最大規模の取引所です。ここではOpenSeaを挙げながら説明していきます。

アーティストや権利会社などは、作品をOpenSeaに持ち込むことで、NFT化（NFTの生成・発行。これをミントといいます）できます。NFT化する際には通常ガス代といっていくばくかの費用がかかりますが、OpenSeaでは無償にし、その作品がNFTのマーケットプレイスに出される時に手数料を取る仕組みになっています。権利者（出品者）は、マーケットプレイスで作品が売れた時にその代金を受け取ります。

マーケットプレイスでは、NFTを購入した人が、再度NFTを売りに出すことが

OpenSeaの仕組み

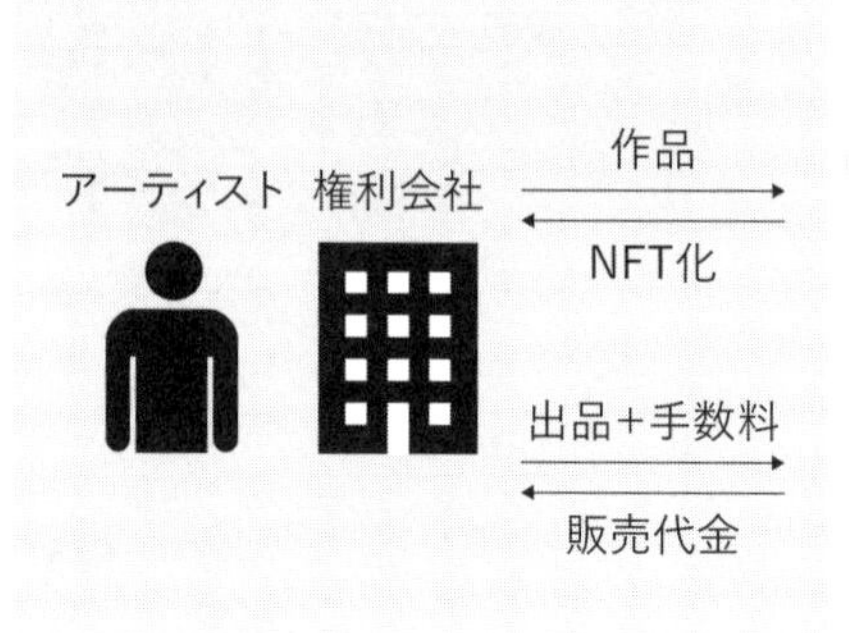

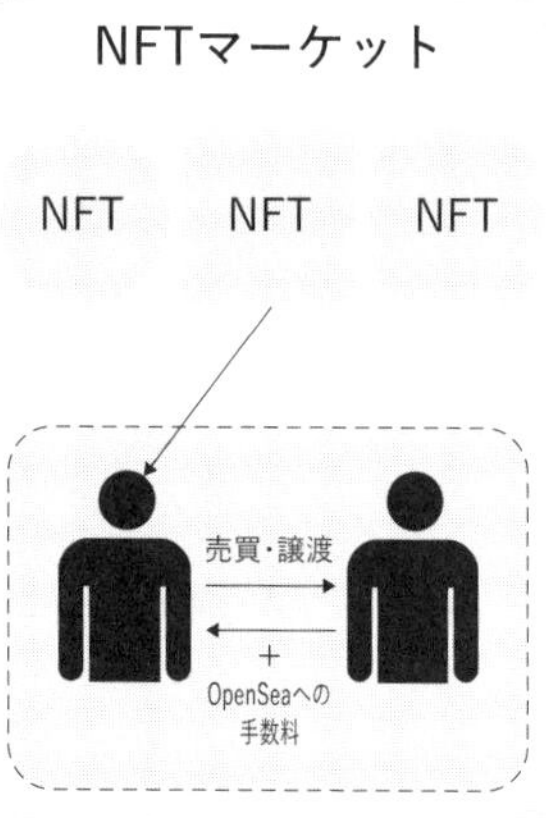

可能です。その二次流通市場で何度も売買が重ねられることによって各ＮＦＴの価格の日々の変動が起きているのです。

運営側の収益は主にマーケットプレイスでの売買の手数料ですが、この額は２・５％と極めて安く、Ｗｅｂ３的だといわれています。

たとえば、Ｗｅｂ３以外のマーケットプレイスでは、手数料は高額になりがちで、多かれ少なかれ、数十％の手数料が取られるのが一般的です。特にアップルなどは、自社製品のためのマーケットプレイスを独占しているような状態ですから、競合が入ることもできず、手数料を下げることもありません。たとえばApp Storeでアプリを販売しようとする開発者は売上の30％を払うことになり、その高額な手数料のことを揶揄してアップル税といわれたりしています。

これに対して、Ｗｅｂ３では、誰でも作ろうと思えば、ＯｐｅｎＳｅａのようなＮＦＴマーケットプレイスを作れてしまいます。したがって、どこかが高額の手数料を取ろうと思ったとしても、すぐに競争相手が出てきてしまい、手数料は下がっていきます。あまり下げて利益が減ってしまえば誰も参入しなくなりますが、逆に値段を下げればそこにユーザーが集まるため、まず注目度を上げるために値段を下げるということも考えられるでしょう（将来的には、非営利で手数料ゼロのマーケットプレイスが登場することも十分にありえますが）。

手数料をここまで下げる余地が出てきたのは、販売所といったリアルな場所や販売員といった人を排除できるだけでなく、そのやりとりもすべて自動化することのできるスマートコントラクトの恩恵を受けてのものであり、そういったコストをカットできるというのはWeb3ビジネスの希望の一つになっています。

ただ、手数料の安さをもってNFTマーケットプレイスが、Web2・0的なマーケットプレイスに比べて良心的かといえば、一概にそうとは言い切れません。Web2・0的なマーケットプレイスではマルウェア（ウイルスなどの悪意あるソフトウェア）や著作権的に問題あるコンテンツなどの審査を行なったりもしますが、NFTマーケットプレイスではすべて参加者に任されています。

De-Fi

Web3に興味がある人は、De-Fiという言葉もよく耳にしているかと思います。De-FiとはDecentralized Financeの略で、日本語訳では「分散型金融」になります。これが何かといえば、ブロックチェーンの技術とスマートコントラクトの技術を使って金融系のサービスを提供するものです。なぜ分散型と呼ばれるかというと、そもそもブロックチェーンの技術自体が、不特定多数のコンピュータによって維持される分散型の技術であるためです。

Web3の技術が広まるにつれ、最初に盛り上がったのが金融系のビジネス――すなわちDe-Fi系のビジネスでした。その理由は後で説明しますが、エンジニアたちの盛り上がりを見ていた投資家たちがそこに入ってきたという経緯があります。

De-Fiのビジネスについて説明する前に、一度、Web3の世界において、どのようにお金のやりとりが行なわれるのかをまとめておきます。
たとえば、イーサでＮＦＴを購入する、という場合は次の手順になります。

1. 暗号資産取引所に自分のアカウントを作る（取引登録をする）
2. そこで日本円をイーサに交換する
3. ウォレットを作る
4. 暗号資産取引所のアカウントからイーサをウォレットに入金する
5. OpenSeaにウォレットを使ってログインする
6. OpenSeaのマーケットでNFTを購入する

現在のＷｅｂ３のサービスはほとんどイーサリアム上のブロックチェーンにありますので、一度イーサに換えることが必要です。なかには独自のアプリコインに変換しなければ利用できないサービスもあり、その際も、取引所か、もしくは、そのサービスの中にある取引所で、イーサからアプリコインに変換したり独自のＮＦＴを購入することになります。

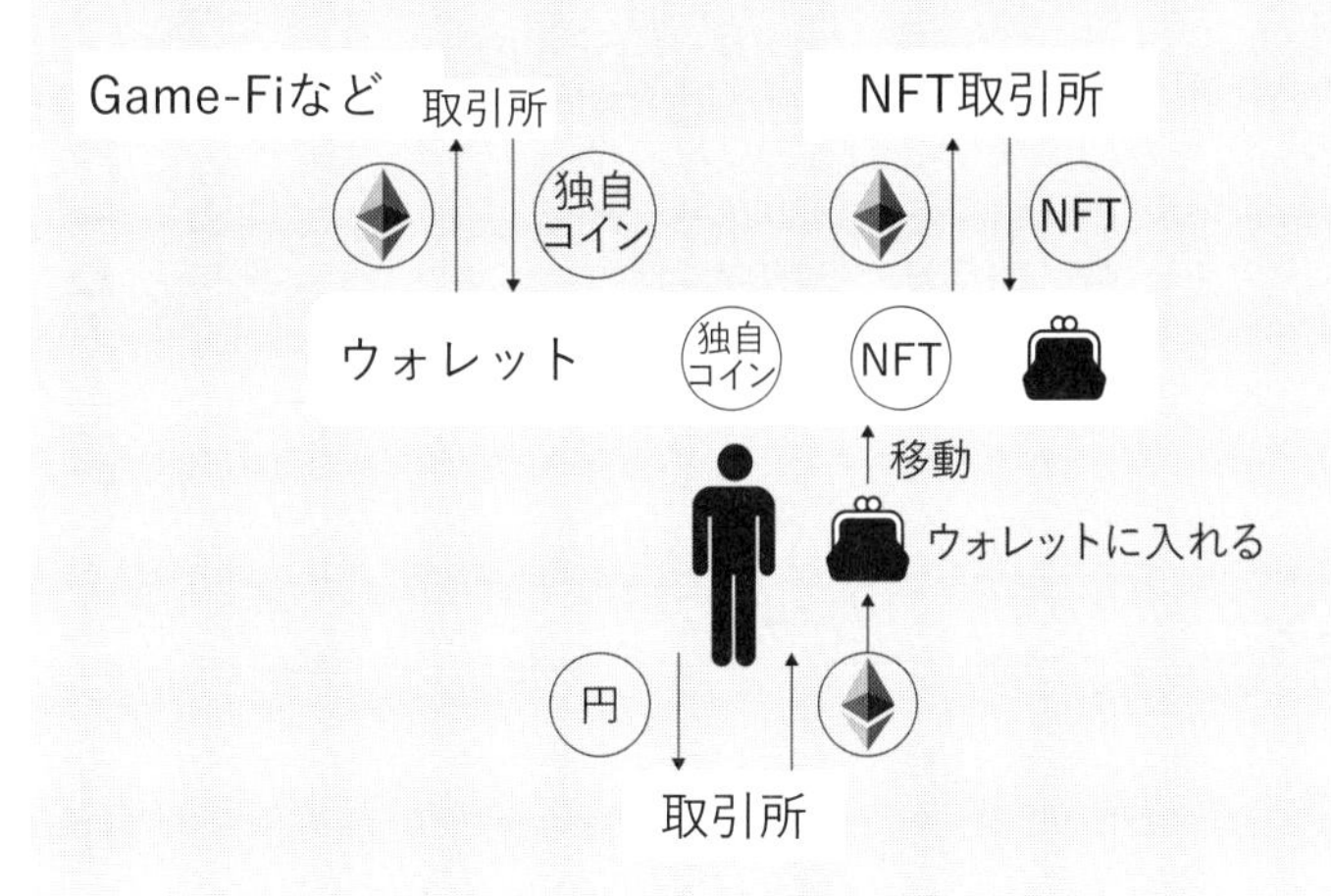

ウォレットについては、148ページであらためて説明をします。ここではＷｅｂ３のユーザーがこんな感じでお金のやりとりをしているということを大まかにつかんでもらえたらと思います。

ここからは、暗号資産取引所について解説したいと思います。

De-Fi（暗号資産取引所）

Web3の中でのDe-Fiの大きな分野は暗号資産取引所（交換所）でしょう。暗号資産取引所というのは、円やドルといった法定通貨と暗号資産、あるいは暗号資産同士を取引する場所です。

ウェブ上の取引所に口座を開設すると、そのユーザー専用のウォレットと呼ばれる、既存の銀行でいう個人口座のようなものがウェブ空間上に作成されます。取引所で暗号資産を購入するというのは、取引所が保有しているウォレットから、暗号資産を購入したユーザーのウォレットに暗号資産の送金処理が行なわれるということです。

暗号資産の取引所を利用する人の目的としては、大きく分けて2つあります。

1つは、投資のための取引です。ビットコインバブルなどといわれましたが、法定通貨とは異なる動きをする資産として一定の投資家が取引をしています。

もう1つはWeb3のサービスを利用するために必要な暗号資産を法定通貨と換える、という目的です。

Web3上のサービスを使いたい人は、まずは、取引所で法定通貨を、そのサービスを使うための暗号資産に換えます。さらに、そのサービスが独自の暗号資産を持っている場合は、そのサービス自体が持つ取引所で交換をしたり、別の暗号資産でそのサービスのNFTを購入して参加することになります。

暗号資産取引所は、様々な暗号資産の売買をしており、その収入のほとんどは、ユーザーが売買を行なうたびに得られる売買手数料とスプレッド[12]です。

暗号資産取引所には日本円であれ暗号資産であれ、実際のお金を預けることになるので、それぞれの国でちゃんと認可をとってビジネスをしている信頼できる会社を選ぶべきです。

12　売値と買値の差

CEXとDEX

暗号資産の取引所を大きく二つに分けると、企業などの有人組織が運営している「CEX」（中央集権型取引所：Centralized Exchange）と、スマートコントラクトを使って、人を介さなくても自動的に動く「DEX」（分散型取引所：Decentralized Exchange）と呼ばれる取引所があります。

CEXに該当する暗号資産取引所は複数の会社がありますが、日本の場合は、Coincheck、DMM Bitcoin、bitFlyer、GMOコインなどが「大手」として認識されているようです。世界ではBinance、Coinbaseといった取引所があります。

調達した資金で、販促活動や安全性を高めるための技術的な投資を行なったり、いくつかの企業の支払いを暗号資産で支払えるようにするなどして、顧客を増やしてきましたが、業績は、値段の上下の大きい暗号資産の価格にも影響されるため不安定という問題点も指摘されています。

DEX：スマートコントラクトによる取引所

企業が運営するCEXに対し、最近になって非常にWeb3的な取引所が登場してきました。この取引所は、DEXと呼ばれます。

行なえることはCEXとほぼ同じですが、DEXでは、取引はすべてスマートコントラクトによって自動で行なわれています。

DEXのユニークなところは、上場のプロセスも必要なく、誰でも上場できるところです。

それまでは、誰かが暗号資産を発行した時は、どこかの取引所と交渉して、IEOもしくはICO[13]（上場）を行なわない限りは取引ができなかったのです。

しかしDEXでは、たとえば自分のゲーム内で作った通貨があった時に、審査のな

13　要は、自分が作った暗号資産をWeb3上で使えるようにすること。ICOもIEOも、資金調達をしたい企業が暗号資産を発行して資金を調達するために行なわれるが、IEOは暗号資産取引業者が投資家と起業家の間に入る形で、資金調達をする仕組み

いＤＥＸでは手軽に上場ができます。

著名なＤＥＸとしては、すべて海外ではありますが、Uniswap、PancakeSwap などがあります（ちなみに日本でサービスを展開するＣＥＸは金融庁の認証を受けていますが、ＤＥＸは、「(非中央集権的な) 分散型取引所」として、現在国の法律に拘束されずに活動を行なっています）。

De-Fi（送金サービス）

ブロックチェーン技術を使って、暗号資産ではなく「法定通貨」を扱うビジネスもあります。

その一つは送金サービスです。

たとえば、クレジットカードは世界中でお金の決済をしているわけですが、その仕組みは複雑で無駄も多くコストも高い。しかしその部分の仕組みを、公正で改ざんのないブロックチェーンで行なうことで、世界規模で送金手数料が安くなるサービスがあります。

たとえば、SBIレミットでは、日本初となる、リップル社のXRPという暗号資産を利用した国際送金サービスを始めています。XRPは、独自の技術によって国際的な送金サービスを可能にする「RippleNet」というプラットフォームで動く暗号資産です。

仕組みとしては、たとえば、日本からフィリピンに送金したい時は、一度日本円をＸＲＰに変えてフィリピンに送金し、受け取ったフィリピン側でそれをドルにします。

一見面倒なようにも見えますが、ＸＲＰを利用した送金は数秒で行なわれるうえ手数料も安く済みます。

具体的に説明すると、現在は世界中の銀行が参加するＳＷＩＦＴ（Society for Worldwide Interbank Financial Telecommunication：国際銀行間金融通信協会）という決済ネットワークシステムを使うのが一般的です。

ＳＷＩＦＴで送金を行なう場合、送金者はまず任意の銀行に入金し、中継銀行を介して、最終的に受取人が口座を持っている銀行に入金するという仕組みになります。異なる国籍の銀行同士で取引を行なう場合、ＳＷＩＦＴコードという金融情報をやりとりして、相手が信用できるかどうかを確認しますが、間に中継銀行が入るため、その分手数料が高くなったり、時間もかかっていました。また、ＳＷＩＦＴには何百

暗号資産を使った送金の仕組み

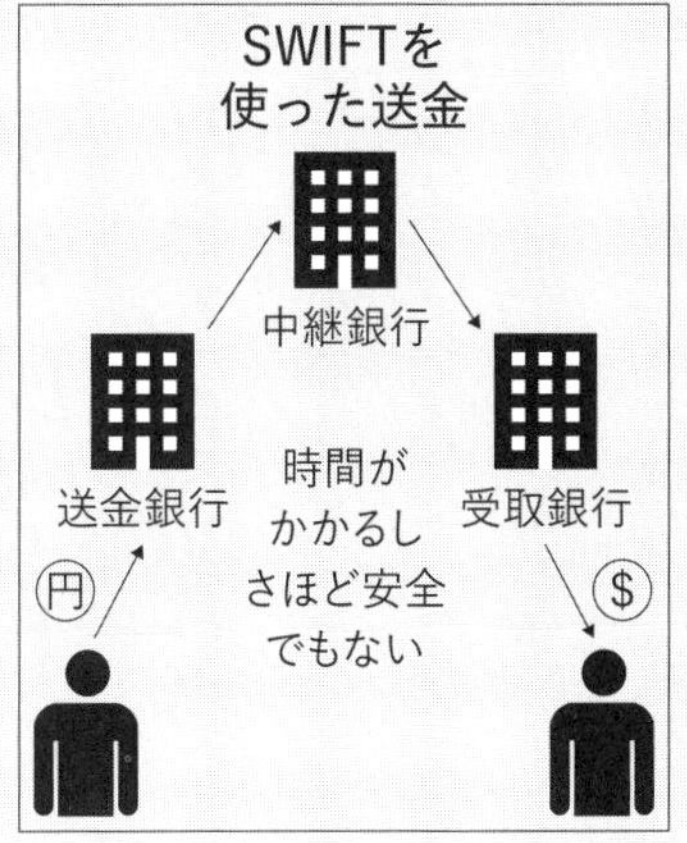

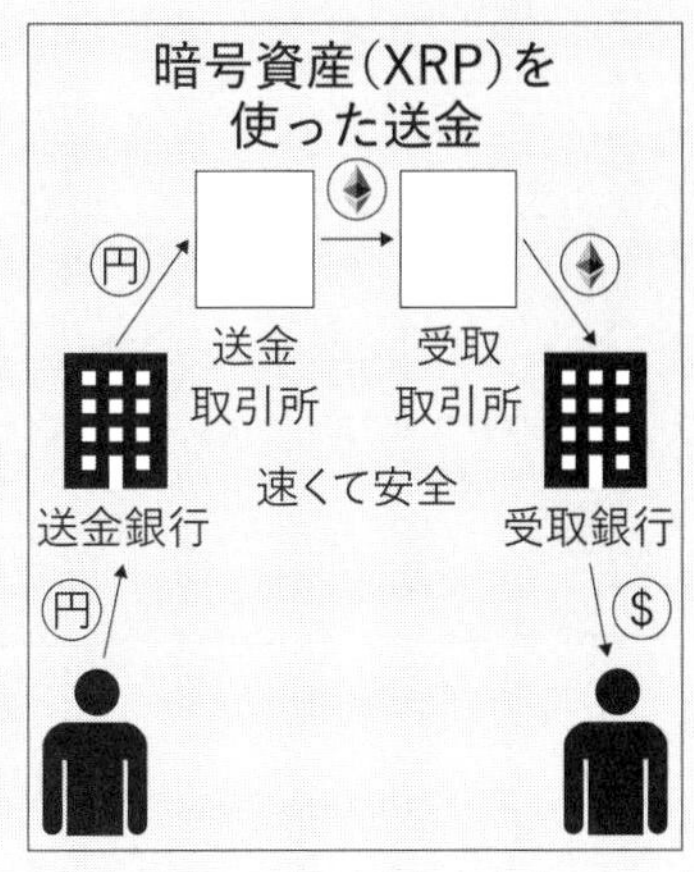

何千という全世界の銀行が参加しており、悪意のある銀行が参加する可能性も否定できません（昨今では国家間の緊張が高まっており、ある国が別の国に金融制裁をかけることも増えてきています）。

参加者を信頼しなくても成立するブロックチェーンの技術は、こうした国際間の送金を行なう上で非常に理に適っています。

ウォレット
MetaMask(ConsenSys社:アメリカ)

最後に、DeFiではなく、どちらかというとプラットフォームに近いものですが、暗号資産の取引を行なうには必ずといっていいほど必要になるウォレットについて説明しておきましょう。「ウォレット」とは、暗号資産をしまっておくことのできる電子財布のようなものです(実際にはMetaMaskは様々なウェブサイトでウォレットを連携させるためのブラウザ・エクステンションです)。

多くの場合、暗号資産取引所でウォレットを作りますが、その場合、暗号資産を別の暗号資産に換える時は一度取引所を通さなければなりません。一方、MetaMaskの場合、MetaMaskの中で交換ができるため、安全かつ便利です(交換の際にはMetaMaskへの手数料が必要です)。また、通貨ではないNFTも一緒に保管しておけます。

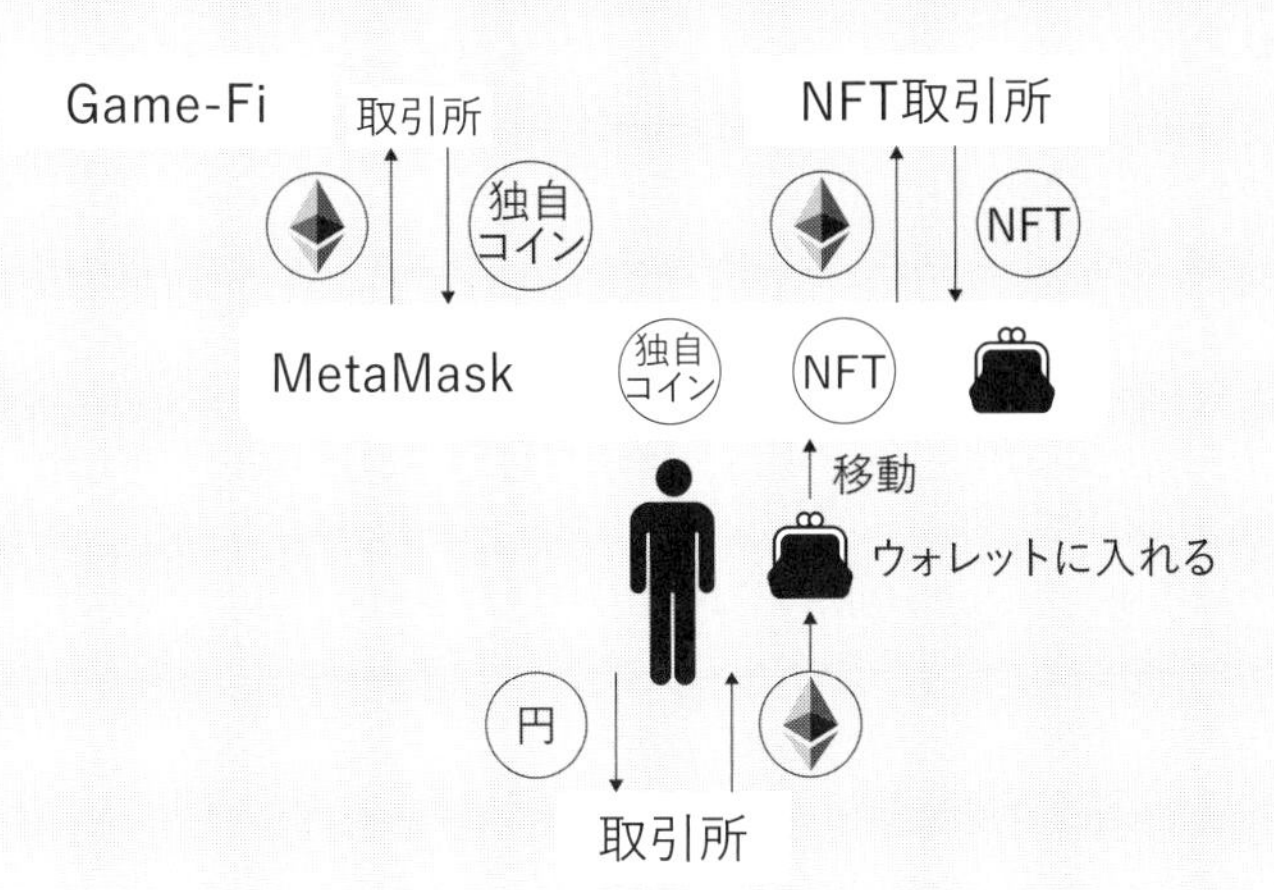

今ユーザーが増えているのは「MetaMask」というウォレットです。

現在、Game-FiやNFTなどのサービスは主にイーサリアム・ブロックチェーン上のスマートコントラクトで作られています。「MetaMask」は、そうしたサービスのフロントエンドと接続されており、暗号資産だけでなく、イーサリアム上のNFTも保管しておくことができます。

携帯のアプリとして、また、Chromeの拡張機能として追加されていることもあり、手軽に使えるようになっています。

ＭｅｔａＭａｓｋを開発するConsenSys社は、ブロックチェーンやＷｅｂ３の開発のためのインフラなどの提供を行なっており、ＭｅｔａＭａｓｋのサービスとしては、その中で行なわれる暗号資産の交換手数料が主な収益源となっています。

DeｰFiの問題点暴落の心配

DeｰFiが活発になってきたことで、ステーブルコインも注目されるようになっています。ステーブルコインというのは、円やドルなどの法定通貨と取引価格が連動するように設計された暗号資産のことです。100円を100円として取引するのは意味がないと思われるかもしれません。しかし、いったん法定通貨をステーブルコインに交換すれば、DEXなどのサービスを組み合わせて、Web3上の様々な取引に用いることができるようになります。たとえば、投資の収益をステーブルコインとしてスマートコントラクトで分配するといったことも可能になるわけです。

しかし、ステーブルコインにも問題があります。米ドルと連動すると謳っていたステーブルコインのUSTは、ドル連動が崩れて価値が100万分の1にまで暴落してしまいました。

ステーブルコインには、法定通貨を担保に発行されるもの、暗号資産を担保に発行されるもの、そして供給量をアルゴリズムによって自動調節して価値を保つ無担保型がありますが、暴落したUSTは無担保型でした。無担保型は、米ドルやビットコインの裏付けがなく、「アルゴリズムを使って価格を安定させる」という一見画期的な方法で運営されていました。

USTの問題は、価格を安定させるために同じ発行者によるLUNAという暗号資産を使っていた点です。「USTが下がると、LUNAを発行してそれでUSTを買い支える」というアルゴリズムになっており、このやり方はLUNAの市場価格が安定している限りはうまくいっていました。しかし、投機筋が意図的に大量の売りを入れたことで、USTとLUNAは同時に暴落し始め、収拾がつかなくなってしまったのです。

あやしい商品やサービスも多い

現在、DeFiの業界には、ヘッジファンドで、生き馬の目を抜くような仕事をしていた人たちが、いわゆるファイナンシャル・エンジニアリング（金融工学）を駆使したサービスを立ち上げています。この状況は、リーマンショックを引き起こしたサブプライムローンを彷彿させるように思います。

金融工学を駆使して作られたDeFiサービスには、相当にいかがわしいものもあります。たとえば、あるDeFiサービスは、イーサを預けると金利が40％も付くというのですが、その金利はイーサではなく、そのDeFiサービス会社が、ほぼ元手ゼロの状態で発行する独自の暗号資産で払われることになっていたりします。

彼らは、ハイリスクハイリターンな商品を顧客に買わせ、うまくいった時には莫大な成功報酬をもらい、失敗した時のリスクは顧客に負わせるというビジネスモデルで成功してきた人たちです。

消費者としてはあやしいものには近づかないことが大事ですし、そんな業界なので、エンジニアの私も少し距離を置いたほうがよいと感じています。

ユーティリティ（不動産）

ここからは、アプリケーションレイヤーの中でも、NFTを所有することで派生して得られる価値をもとにビジネスをしている「ユーティリティ」[14]と呼ばれるジャンルについて説明します。

ユーティリティについては、まだ目立つビジネスが出てきているとはいえないですが、その裾野には、**不動産取引があったり、ウイスキーや畑の収穫物を買うなどリアルなモノの取引にも適用できるような、ポテンシャルがある**と考えています。

先述しましたが、私が特に有望だと見ているのが、Web3を用いた不動産取引です。第三者抜きで信頼できる不動産取引ができるようになれば手数料も減ります。また、高額な不動産を個人で所有するのは大変ですが、小口化してNFTにすれば、複数人で分割して所有することも可能になります。

不動産の証券化としてはＲＥＩＴ（不動産投資信託）という商品が存在していますが、Ｗｅｂ３による不動産取引のメリットは流動性の高さとコストの低さです。ＮＦＴによって不動産の所有権を小口化すれば、ＲＥＩＴの売買よりも圧倒的に低コストで取引を行なうことができますし、家賃収入など収益の分配もスマートコントラクトによって自動化することができます。

最近では、ＲＥＴＡＰやＲＥＩＮＮＯなど、Ｗｅｂ３による不動産取引プラットフォームも立ち上がってきました。

ＲＥＴＡＰ（Crypto Asset Rating 社：アメリカ）は、世界中の投資家が米国内の不動産業者が所有する住宅用・商業用不動産をＮＦＴ化し、そこで売買できるプラットフォームです。

不動産をＮＦＴ化することで、不動産投資をしやすくなり、流動性を高めることができるとしています。

14 ユーティリティを直訳すると、「便利な」とか「役に立つ」といった意味

不動産のNFT化の仕組み

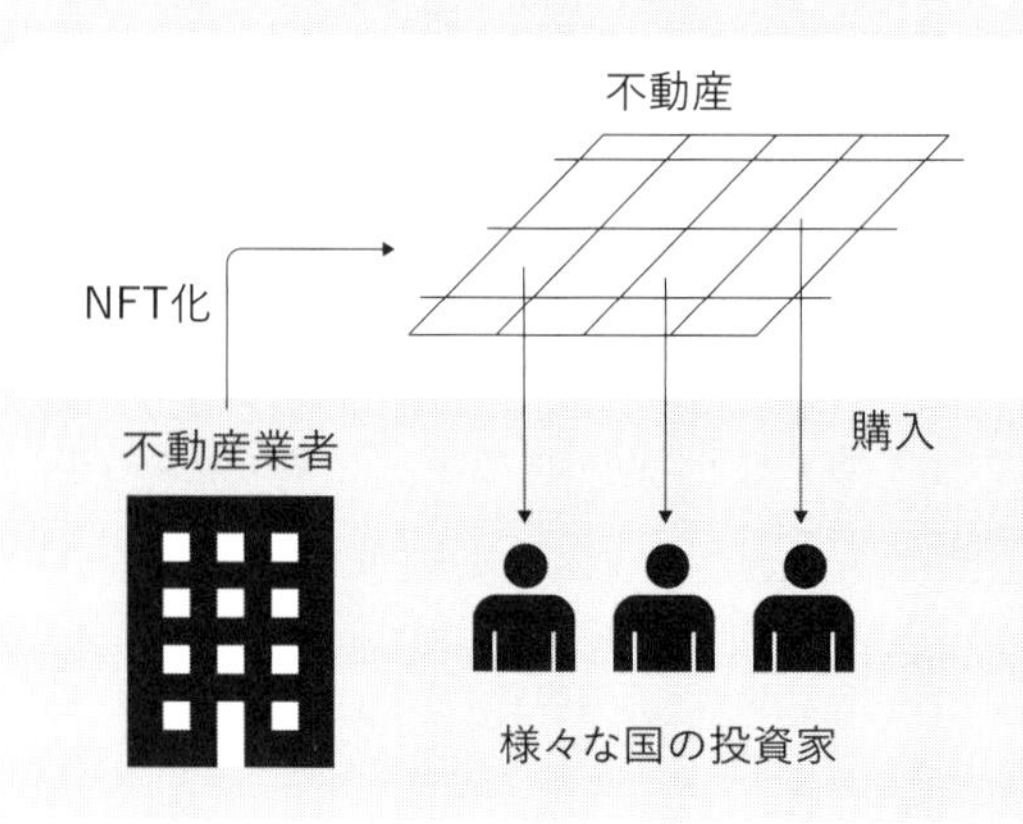

本当はそのものをブロックチェーン上で行うと、もっとすばらしいことができるのですが、不動産登記と、法律の変更も含めた大事業になります。それが実現した暁には、「もうWeb3のない時代に戻れない」というくらいの世界が広がっています。

なお、不動産のNFTについても、法制度が整っていない状況では、詐欺的なビジネスが生まれる可能性はあります。

アメリカでは、ある程度の資産がある人しか投資できない投資商品があるなど、消費者を守る法律が整備されつつあります。

イノベーションか法律か、という議論はあるのでしょうが、優先させるべきは消費者の保護です。

ユーティリティ（不動産）
Satoshi Island
（Satoshi Island Holdings社：アメリカ）

Satoshi Islandは、南太平洋のオーストラリアの東側、ニュージーランドの北側に位置する島国であるバヌアツ共和国にあるリアルな島です。面積は3200万平方フィートにわたるプライベートアイランドで、暗号資産コミュニティの拠点となることを目指しています。

島の各ブロックの所有権は10個のNFTに分割されており、このNFTを保有することで、実際の島への住宅建設の権利が得られます。さらに、市民権NFTを保有することで、政策への投票や島で働く権利を得ることができます。

このSatoshi Islandは、バヌアツ共和国公認のプロジェクトとなっています。バヌアツ共和国は暗号資産についての税制がゆるく、現状では利益・配当・収入への課税をしていないこともあり、このプロジェクトにも適した場所であるといえます。

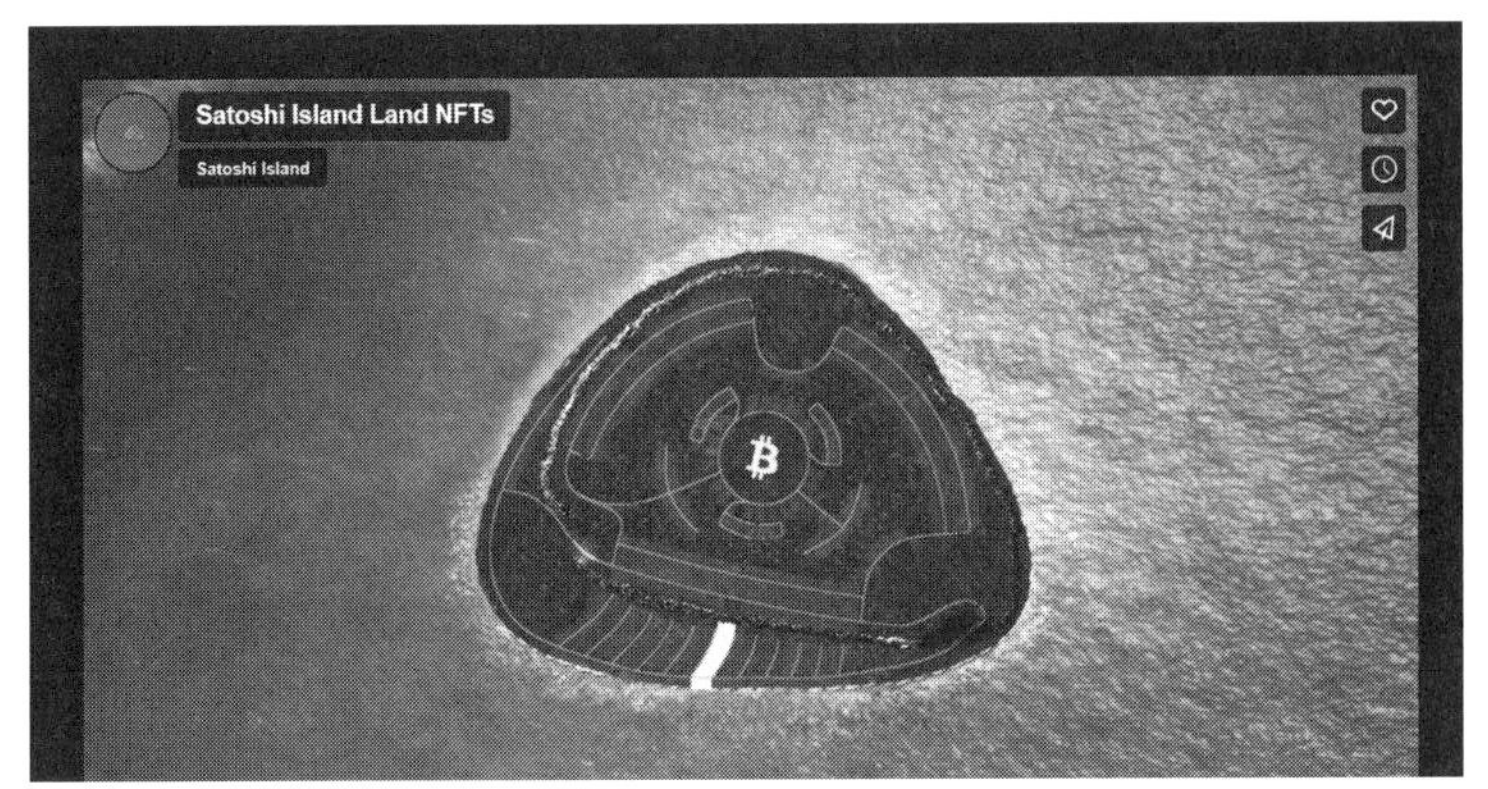

https://www.satoshi-island.com/

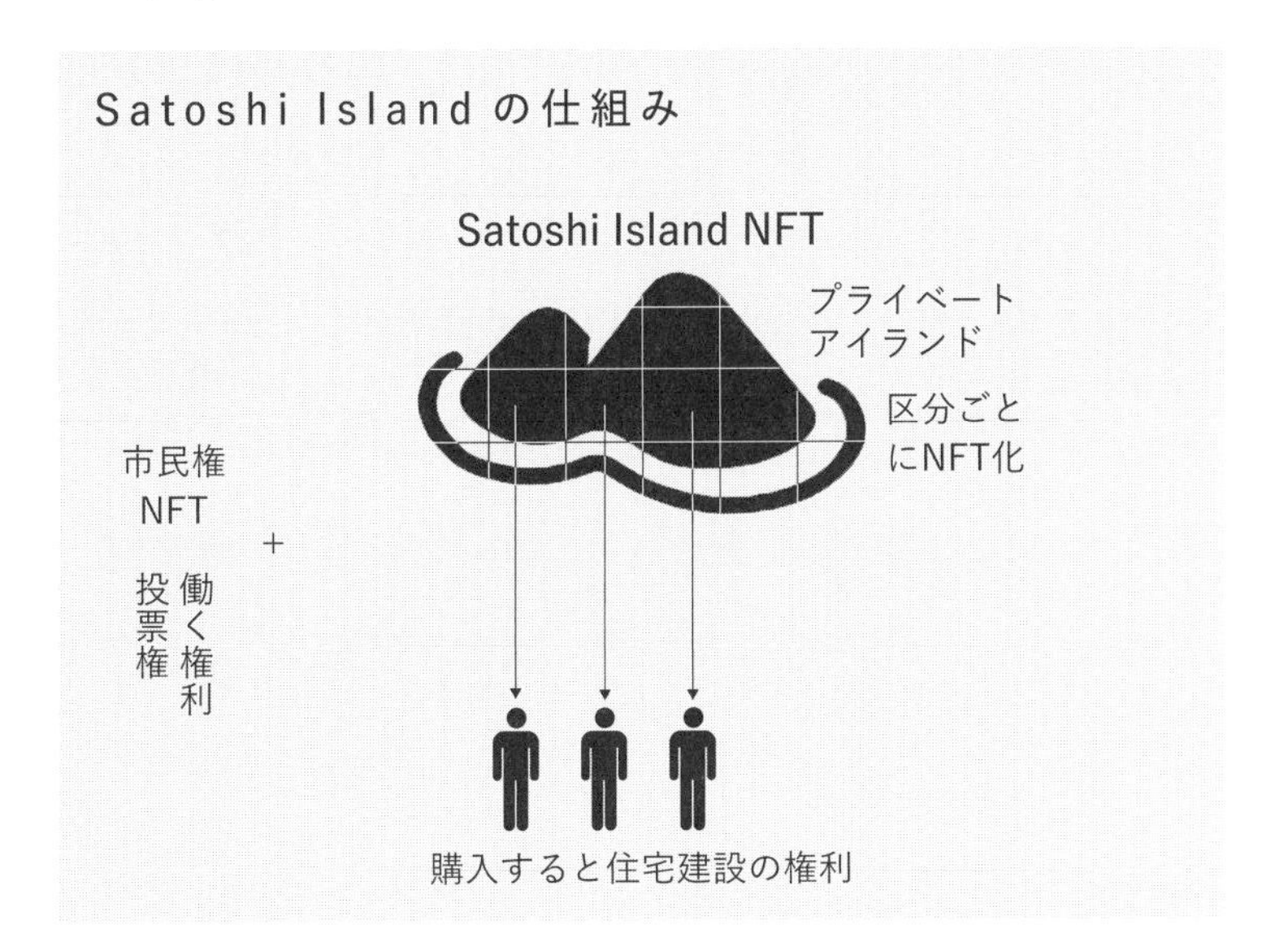

ユーティリティ（ウイスキー販売）

「ユーティリティ」の中でも、ウイスキーの販売にNFTを持ち込んだビジネスも、リアルの世界と結び付くという点で、興味深いビジネスの一つです。

ウイスキーはできあがるまでに長い時間寝かせる必要があり、時間経過によって価値が増していく傾向があります。一方、ウイスキーの製造会社にしてみると、利益を回収するまでの期間が長期になるため、ビジネスのリスクが大きいのが課題でした。そこで東京にあるUniCaskという企業では、ウイスキー樽の権利を小口化しNFTとして発行するビジネスを行なっています。

ユーザーはウイスキーのNFTを保持することで、「自分の樽を持ち熟成させる」という体験を醸造所と共有することができます。また、そのNFTを持っている間はゲームに参加できたりサンプルをもらえたりと特典があります。途中でNFTを売却

https://unicask.jp/

することも可能です。そしてウイスキーの樽を開けてボトリングする時期になれば、NFT分のウイスキーを得ることができます。

このサービスは、いわば、蒸留中のウイスキーの樽を誰でもスマホで簡単に売買、保有、管理できる――つまり簡単に蒸留中のウイスキーへの投資ができる――というものです。蒸留酒の樽をNFT化して販売するのは世界初の試みで、第一弾のNFTは9分で完売しました。

このビジネスの何がユニークか

UniCask の仕組み

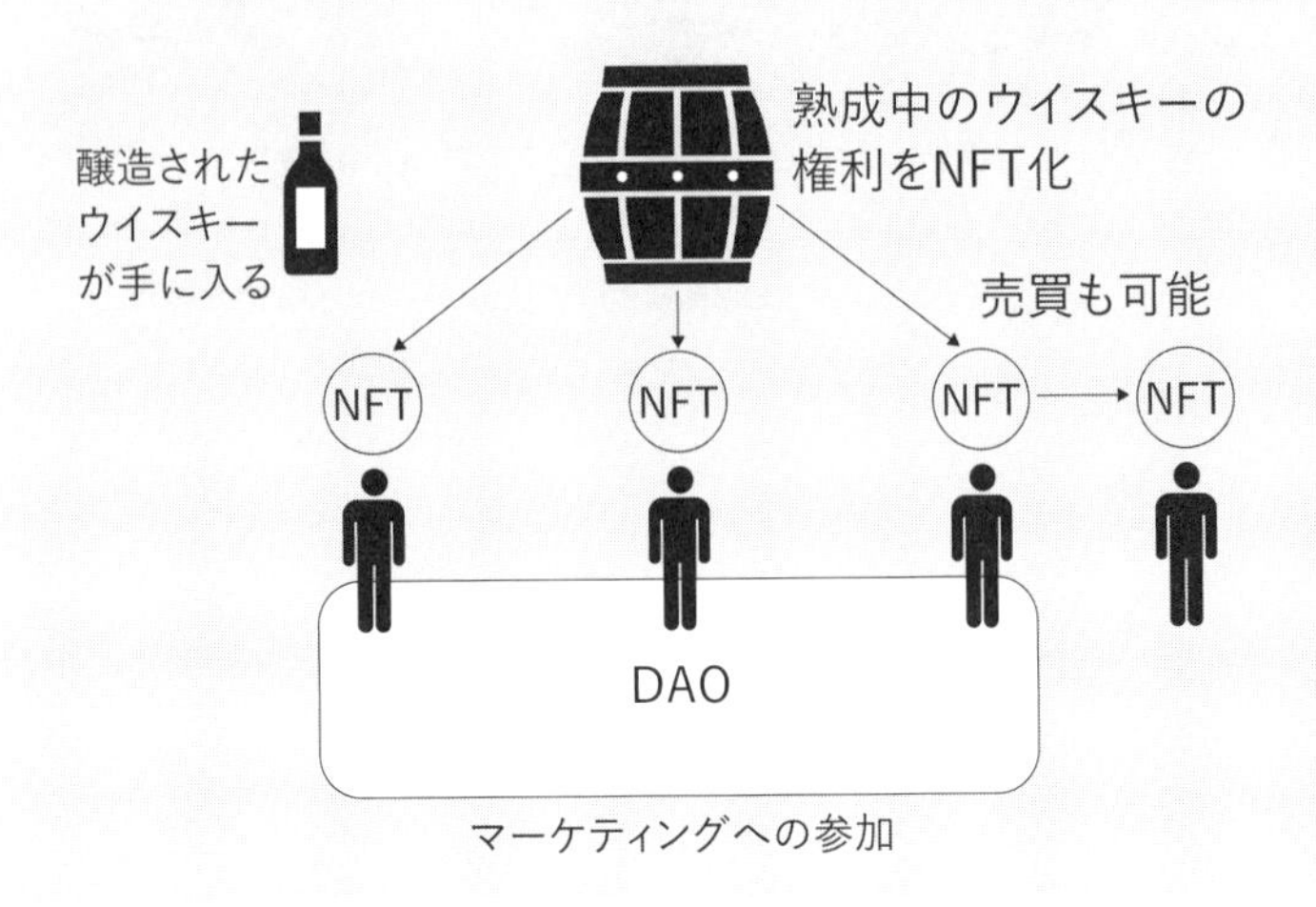

といえば、従来、蒸留酒の樽への投資は一部の閉じられたコミュニティ内でしか行なわれておらず、蒸留酒の樽を一般のコレクターや愛飲家が購入することもほとんど不可能でした。それを、UniCaskは一般の人に向けて開放し、たくさんの人が蒸留酒に投資できるようにしたのです。ブロックチェーンの技術とNFTを持ち込むことで、蒸留酒市場のさらなる成長と活性化に一役買おうとしているのです。

近年はDAOも利用し、参加者はコミュニティの中でウイスキーの商品仕様を考えて、マーケティングにも携われるという機能を増やしました。従来の「生産者が決めた製品を消費する」という生産と消費のあり方から、「消費者自身が製品の概要を決めて消費する」というWeb3的な考え方を打ち出しています。

ユーティリティ（店舗のサービス）スターバックス

最後に企業がＮＦＴを利用する例として、最近「スターバックスオデッセイ」というＮＦＴコミュニティを発表した米スターバックスの例を紹介しましょう。

スターバックスは既存のポイントサービスとして「スターバックスリワード」というものを行なっていました。これは公式アプリやスターバックスのカードで商品を購入すると、その金額につきＳｔａｒがもらえ、その数に応じてドリンクやフードが無料になったり、体験イベントに参加できるといったサービスを受けられるものです。

「スターバックスオデッセイ」は既存のポイントサービスである「スターバックスリワード」とＮＦＴのプラットフォームを組み合わせたもので、ユーザーは「スターバックスオデッセイ」のウェブアプリにログインして、クイズやゲームに参加することでデジタルスタンプをもらうか、プラットフォーム上でＮＦＴのデジタルスタンプを購入することができる、としています。[15]

特徴的なのは暗号資産に特有のウォレットが必要なく、クレジットカードやデビットカードでスタンプを購入できるため、どんなユーザーでも参加しやすくなっていることです。

スターバックスは「メンバーとのつながりを深める」という目的を謳っていますが、ロイヤルカスタマーが貯めているポイントを現物ではなくNFTに変えてもらうことで、売上を下げない仕組みにもなるように思えます。

15 2022年9月発表時点

メタバース

フェイスブックが社名をメタ（Ｍｅｔａ）に変更したことで、メタバースが一気に注目されるようになりました。メタにせよ、先述のYuga LabsにせよＲＴＦＫＴにせよ、将来的なビジネスとしてメタバースを大きくアピールしています。なかには、メタバースがまるでＷｅｂ３ビジネスであるかのように語る人もいますが、それはこじつけです。

Ｗｅｂ3とメタバース、ＶＲ／ＡＲは、実際のところ、別の独立したものです。

この3つの違いを一言で説明すると、次のようになります。

・Ｗｅｂ３：ブロックチェーン技術により可能になる様々なアプリケーションとサービス
・メタバース：人々が時間を過ごすことができるバーチャルな場
・ＶＲ／ＡＲ：没入感を増すマン・マシン・インターフェイス

メタは、VRとメタバースを切っても切れないもののように語っていますが、これはOculus[16]を買収し、人々をスマホからVRグラスに移行させたいメタのポジショントークにすぎません。VRを使わない、フォートナイト、マインクラフト、ファイナルファンタジーXI（以下FFXI）などもれっきとしたメタバースだという認識が大切です。

メタバースとは、meta ＋ universe から作られた造語で、人が集まることができる、インターネット上に作られた3Dの仮想世界のことを指します。

メタバースの草分けとしては、2003年にリンデンラボからリリースされた「セカンドライフ」があります。

セカンドライフは、「現実と異なる生活を送ることができる」ことを謳ったサービスです。有料会員と無料会員があり、セカンドライフ内でものを作って売ったり、自分で教室を開いたり、他の人と交流したりすることができるようになっています。当時からすでに、米ドルと交換できる独自通貨のリンデンドルが流通していて稼ぐこと

16　VRグラスメーカー大手

Second Lifeの仕組み

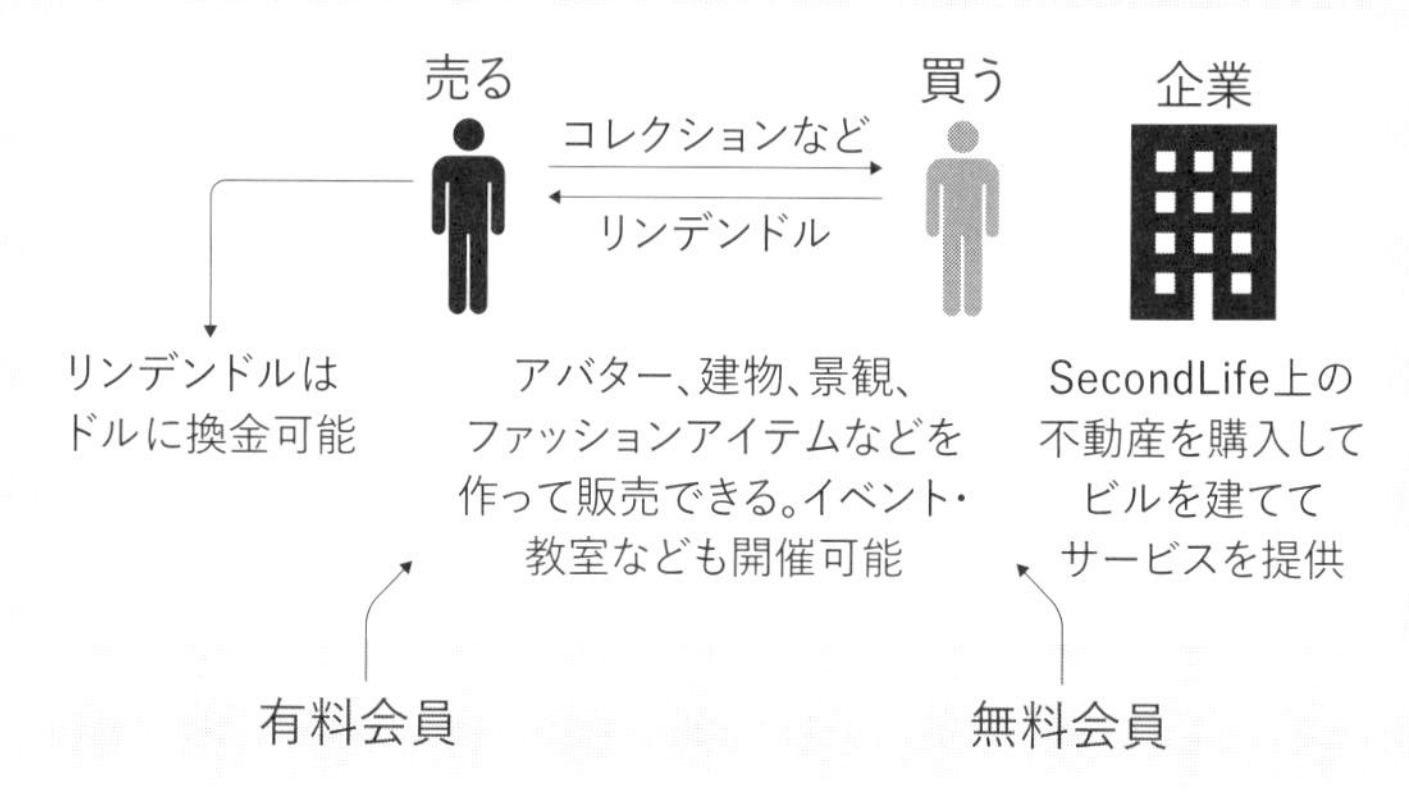

ができたり、仮想空間内の不動産を売買することもでき、そこに参入する企業もありました。

最盛期の２００７年には１１０万人の月間アクティブユーザーがおり、その後一時低迷していましたが、２０２２年１月の発表では「月間アクティブユーザーが１００万人に近づきつつある」ようです。[17]

メタバースが提供するもの

メタバースが消費者に提供するものは何かというと、**現実で得ることができない、様々な欲求を満たすもの**といえるでしょう。

あえて否定的な表現をすれば「現実逃避の場」です。

他の人たちに認められたいという「承認欲求」が最もわかりやすい例です。学校では、スポーツでも勉強でも活躍できない子どもが、オンラインゲームではヒーローとなって活躍することによって、自分の存在意義を見つけるということは10年以上前から見られたものです。

友達が欲しい、仲間が欲しいなどの「社会的欲求」は、ソーシャル・ネットワークだけでなく、オンラインゲームでも満たされることはよく知られています。私が米スクウェア・エニックスにいた頃に大きな収益を上げていたFFXIには、ゲーム本来の目的であるモンスター退治など一切せずに、他の人と喋りながら、のんびりと時間を

17 CNET JAPAN「仮想世界「Second Life」、制作者がアドバイザーとして復帰——新たな出資も」https://japan.cnet.com/article/35182065/（2022年1月14日）

過ごす人たちがたくさんいました。

障がい者にとっても、メタバースが現実よりもよい体験を提供してくれる可能性があります。

メタバースの中では、人々は、実際の自分とは異なるアイデンティティを持ち、1日の多くの時間を（つまり、人生の多くの時間を）その中で過ごすことになります。

「自分が現実の世界で何をしているか」をシェアするのは、フェイスブックやインスタグラムです。一方、よく作られたメタバースの中にいる人にとっては、メタバースこそが自分がいる場所なので、そこで「現実の世界で何をしているか」をシェアすることはありません。つまり、メタバース時代のソーシャル・ネットワークは、「自分がメタバースの中で何をしているか」をシェアする場所に変わるのです。

リアルの世界では、コンビニで最低賃金で働き、30歳をすぎても親から独立することができない人が、メタバースの世界では、有能なモンスターハンターとして、贅沢な暮らしをする時代がくるでしょう。

メタバースが進化すれば進化するほど、**普通の人が「リアルの世界で持てるもの」**

と「メタバースの中で持てるもの」の差は大きく広がります。その結果、ほとんどの人にとって「メタバースの中のほうが幸せ」な時代になるのです。そんな人にとっては、リアルな世界の自分は「この世に存在するために必要な道具」でしかなく、メタバースの中の自分こそが、「本当の自分」なのです。

メタバースは、さらに「物欲」さえ満たすように進化します。すでにメタバース型のゲームであるフォートナイトの中では、通常のオンラインゲームにあるような戦闘の役に立つ「武器」ではなく、単に見た目だけを変える「服装」や「アクセサリー」に人々がお金を払うようになっています。その延長上には、当然ですが、土地や建物を高値で取引する世界があり、NFTが絡んだ世界では、それがすでに始まっています。

今後メタバースの市場は伸びていくと考えられます。

フォートナイトに夢中になった子どもたちが、そこで毎日数時間を過ごすことを考えれば、**「メタバース時代はすでに始まっている」**ともいえるのです。そして人口全体の中でフォートナイトにはまっている人がまだわずかであることを考えれば、その伸びしろはとんでもなく大きいのは確かです。

メタ社はメタバースの覇権を握るのか？

私は、これから10年の間に、映画とゲームの世界が融合し、人々が多くの時間を「バーチャルな世界（メタバース含む）」で過ごすようになると見ています。

その時、ＶＲグラスを使うかどうかは本質ではなく、スマートフォン、ゲーム端末、パソコンからも自由にアクセスできる、独特の世界観（たとえばスター・ウォーズの世界観）を持ったバーチャルな3次元空間です。

ＶＲグラスを使った没入感のあるメタバースという話になると、デバイスやライフスタイルの問題もあり、一般的に普及させるのは簡単ではないと思います。[18]

強いていえば、ＶＲグラスよりもＡＲグラスのほうがはるかに可能性が高いでしょう。１００％仮想世界に閉じこもるのはあまりにも不自然で、長続きはしないと考えるからです。それよりは、１日中かけていても負担にならない軽いＡＲグラスを作り、日常生活の中に仮想世界を混ぜ込むサービスを提供するほうが、より多くの人々に受け入れられるだろうと思います。

現在、バーチャルな3Dの世界は、コンテンツごとにばらばらです。任天堂のゼルダの伝説にはゼルダの伝説の世界観があるし、フォートナイトにはフォートナイト独特の世界があります。

ザッカーバーグはそれらを統合して、メタバースと呼ばれるものを作り、ユーザーは自分のアバターやIDをコンテンツの壁を乗り越えて使えるようにしたいようですが、それは、それぞれのコンテンツの世界観を壊すことにつながり、開発者たちがそのビジョンについてくるとは私には思えません。

さらに、このビジョンの一番の欠陥は、メタがスマートフォンの世界で取り損なった「プラットフォーマー」のポジションをVRの世界でなんとしてでもつかもうとしていることを誰もが知っていることにあります。賢い開発者であれば、そこに危機感を抱いて当然なのです。

しかも、フェイスブック自身がリリースしたメタバース空間であるHorizon Worlds

18　現実の世界にバーチャル映像を重ねて表示できる眼鏡型のデバイス

は、本来のメタバースとはほど遠く、少なくとも現時点ではメタバースは存在しないと指摘する記事まで出ました。

２０２１年10月にフェイスブックからメタに社名変更した時のマーク・ザッカーバーグのプレゼンによれば、メタバースとは、複数のアプリにアクセスできる３Ｄワールドであり、特定のデバイスにも依存せず、特定の会社にコントロールされることのないオープンなものになるはずです。

しかし、実際にリリースされたHorizon Worldsは、メタのＶＲグラスが必須で、ユーザー認証には同社のアカウントを使う必要があり、他のアプリにはアクセスができない、メタ社に１００％コントロールされる「閉じた世界」だと指摘されています。

ＶＲ／ＡＲの分野は、消費者にとって魅力的な「コンテンツ」が鍵を握ります。スター・ウォーズ、ハリー・ポッター、ファイナルファンタジーのようなしっかりとした世界観とブランド力を持つコンテンツが必要です。もしメタがこの分野で成功したいと考えるなら、コンテンツ会社の買収をすべきだと私は思います。

なお、メタが提言するAR／VR／メタバースの戦略には疑問がありますが、この分野自体には大きなポテンシャルもあると思います。

オンラインRPGとの相性はよいので、まずはゲームがこの市場をリードするだろうと期待しています。ビデオの普及期と同様に考えるなら、当然ながらアダルトコンテンツもVRグラスの普及に貢献するでしょう。

地味ですが、バーチャル・ツーリズムも伸びしろが大きいと考えています。

メタバースで実現する未来

メタバースが今後、これまでにないライフスタイルを生み出すことは確実だと思います。

ただ、私の中では、明るいイメージと暗いイメージの両方が存在しています。

明るいイメージとしては、メタバース内でのe-Sports市場がリアルなスポーツの市場よりも大きく成長し、そこでは世界中の何億人もの観客の前で、e-Athleteたちが莫大な賞金を目指して技能を競い合っています。e-Athleteは子どもたちにとって憧れの職業となり、10代のうちから世界で活躍するようになります。

コンサートもメタバース内で行なわれることがごく普通になり、世界中の人たちが臨場感いっぱいの音楽やダンスを視聴者参加型で楽しむようになります。

暗いイメージとしては、リアルの世界で仕事も財産も持てない人たちが、「実生活からの逃避」や「わずかな収入」のためにメタバースで大半の時間を過ごすようになる世界です。そんな世界では、富裕層は、大衆に最低限の生活を提供しつつ、メタバースで忙しい日々を送ってもらうことが、社会の安定のためによいと考え、社会が「リアルの世界で豪華な暮らしができる富裕層」と「メタバースで作られた・与えられた幸せで満足してしまう残りの人たち」に二分されてしまうのです。

とはいえ、どちらかの世界になると考えているわけではなく、コインの裏表のように、この二つの世界の両方が同時に実現する（つまり、見方によってはどちらにでも見える）と考えています。

メタバースのビジネス

ここで簡単に、現在目にするメタバースのビジネスを説明しましょう。

フォートナイトなどのオンラインゲーム

現在人気の「フォートナイト」（Epic Games社：アメリカ）は、ゲームをするのは無料。ファッションアイテムや、アバターにとらせる行動（ダンスなど）に課金しており、お金の多寡にかかわらず、純粋にゲームの楽しさを追求しています。フォートナイトの中で建物が作れたりと自由度も高く、著名な有名人がライブを行なうなど、ゲーム以外の広がりも出ています。

フォートナイトを運営するEpic Gamesにとっては、フォートナイトやフォールガ

Fortnite

https://www.epicgames.com/fortnite/ja/home

イズ[19]で、人々が時間を過ごせば過ごすほど売上が上がります。それはすなわち、「人々の可処分時間（自分の自由に好きに使うことができる時間）」をめぐる、テレビ、ネットフリックス、フェイスブック、ユーチューブとの戦いを意味しているのです。

その他、ゲームではゲーム内でブロックを組み合わせて作品が作れるマインクラフト（マイクロソフトの子会社である Mojang Studios 社：スウェーデン）や、自分自身でオリジナルのゲームを制作・公開できるゲーミングプラットフォームＲｏｂｌｏｘ（Ｒｏｂｌｏｘ社：アメリカ）などもメタバースに入るサービスです。

「VRChat」などのソーシャルVR

「VRChat」は、メタバース上の空間で交流するソーシャルVRといわれています。空間上では、自分で作った世界に人を呼んだり、イベントなどを行なうこともできます。ちなみに「VRChat」は、NFTやブロックチェーンの技術は使わないと明言しています。

共同作業・会議などを行なうソフト

会議においては「Mesh for Microsoft Teams」など、バーチャル会議などを行なえるソフトも出てきています。また、製造業においても、VRにより試作段階で製品を体験することでよりユーザー視点に立った製品作りに役立てたり、様々なデータを活用したサイバー空間（デジタルツイン）[20]を作ることで、シミュレーションを行なった

19　大人数で行なえるオンラインのパーティーゲーム
20　現実世界から集めたデータによって、それと同じような環境をデジタル空間上に作ること

りしています。

VRショッピング

仮想空間上でショッピングできるサービスです。実際の販売員（人）が対応するものがあったり、バーチャル店舗で買い物の雰囲気を楽しみながら実際に買う時は通常のオンラインショップに遷移するものなど、形態は様々です。なかには、バーチャル店舗ならではの商品を用意するところもあるようです。

ＶＲゴーグルを利用した本格的なＶＲショッピングでダイソンが売上を上げたという事例がありますが、まだ大きな市場とはいえない状況です。実際には早期に参入して多くのデータを取り、本格的に市場が動いてきた時に先行者利益をとりたい、という思惑であると考えられます。

ライブ・イベント

メタバース空間でのライブも、現在様々なアーティストが行なうようになっています。

フォートナイトは、世界に新型コロナウイルスが蔓延した２０２０年4月に、アメリカのラッパーであるトラヴィス・スコットが、フォートナイト上で9分間のバーチャルライブを行ないました。世界初公開の曲をメタバースで披露し、その間の同時接続者数は１２３０万人、関連する売上は２０００万ドル（約20億円）と報道されています。

その後、アリアナ・グランデ、日本人のアーティストとしては、8月には米津玄師さん、翌年には星野源さんも登場、フォートナイト以外でも、２０２１年にはジャスティン・ビーバーがバーチャルコンサート事業を手掛けるＷａｖｅＸＲ社のプラットフォームでメタバースでのライブに進出し、いずれも話題になりました。

バーチャルでのライブでは、参加者はチャットでコメントをしたり、ボタンを押してアーティストに気持ちを伝えるなど、バーチャルならではの取り組みもあります。

星野源さんがフォートナイトでライブを行なった時は、事前に「恋ダンス」の動作をアバターが購入できるようになっていてライブ会場でみんなで踊ったり、インクの出る特別な武器が用意され、会場内をその武器のインクで塗ると、そのしぶきに映像が映し出されるなど、バーチャルならではの演出も注目されています。

ビッグテックはWeb3をどう見ているか

Web3がGAFAMなどビッグテックによる中央集権的な支配構造を覆す……Web3を支持する人の中にはそう考えている人たちもいます。それでは、GAFAM側はWeb3をどのように捉えているのでしょうか。

先に解説したように、メタはメタバースを事業の柱にしようとしていますが、メタバースはWeb3と直接の関係はありません。

メタに改名する前のフェイスブックは、2019年にLibra（リブラ）という暗号資産のプロジェクトを発表しました。リブラは複数の法定通貨で構成されるステーブルコインを目指すはずでしたが、世界中の規制当局から反発を招くことになります。当初リブラプロジェクトに参加を表明していた金融関係の大手企業も次々と抜けていき、その後、リブラはDiem（ディエム）と改称されますが、2022年には正式にプロジェクトの終了が発表されました。

グーグルは2022年、Web3開発者向けに「Google Cloud Blockchain Node Engine」というサービスを開始しました。また、同じ2022年にはマイクロソフトがブロックチェーンのスタートアップ企業への投資を発表しています。

現在のブロックチェーンは、処理性能や載せられるデータ量など、スケーラビリティに関する問題を抱えています。そうした課題を解決しようと開発を行なっているスタートアップ企業や個人もたくさんいますが、なかなかメインストリームにはなれずにいます。グーグルやマイクロソフトがWeb3に投資を行なうとすれば、そうしたブロックチェーンの課題解決のためでしょう。ビッグテックが投資を行なうことでWeb3技術が大きく進化する可能性もありますが、まだビッグテックがWeb3に本腰を入れているとはいえませんし、危機感を感じているわけでもないように思われます。

Web3ビジネスの問題点

Web3には可能性もありますが、業界そのものが未成熟、かつ暗号資産というお金を扱うこともあって、詐欺まがいの行為が横行しています。

これには理由があって、Web3はこれまでのテクノロジーの進歩と大きく異なる点があるからです。

その「大きく違うもの」とはお金、暗号資産の存在です。暗号資産は、他のイノベーションと異なり、「**通貨のイノベーション**」であるため、従来のイノベーションとはお金の集まり方も異なっています。

インターネットやスマートフォンなど、新しい技術が世の中に出てきた当初は、当然ながら市場規模も小さいため、お金にならないのです。そのため、集まってくる人たちは、新しい物好きのエンジニアばかりで、そんな人たちが、ああでもないこうでもないと試行錯誤を繰り返しているうちに、徐々に世の中に価値を提供するアプリケーションが現れ、その価値が世の中に認められてはじめて、ようやくお金が業界に流れ込み始めるのです。

しかし、Web3の場合は、今までとは状況が全く違います。その基盤となるブロックチェーンというテクノロジーや、暗号資産が、これまで非常に難しかった「プログラミングでお金を操作する」ことを、ものすごく容易にしてしまったのです。

そのため、従来型のイノベーションと異なり、最初から金融系の人々がたくさん参入してきています。

De-FiやGame-Fiの背後には、ヘッジファンドやインベストメントバンクで鍛えられたプロのファイナンシャル・エンジニアがおり、彼らが作り出す様々な「金融商品」は、「ポンジスキーム」と「魅力的な金融商品」の境目を曖昧なものにし、それがWeb3の世界を「お金が先にある」不思議でキケンな業界にしてしまっています。

詐欺まがいの行為として典型的なのが、2017年から2018年に起こったICOブームです。ICOとはInitial Coin Offering（新規公開暗号資産）の略で、株式の上場（ＩＰＯ：Initial Public Offering 新規公開株）になぞらえて作られた造語です。新しく発行された暗号資産を、暗号資産取引所で取引できるようになることを指します。

ビットコインやイーサリアムに刺激を受け、自分たちで独自の暗号資産を発行しようという人がたくさん現れました。そんな人たちは、暗号資産発行の目的を記述したホワイトペーパーを発行して、「取引所へ上場前の暗号資産を安く買える」と大勢の人たちからお金を集めました。これがＩＣＯブームです。

しかし、そうやって発行された暗号資産のほとんどは、上場後にまともな値段がつかず、大半の投資家は大損することになりました。暗号資産の発行者たちは、ホワイトペーパーに書いたことを実行することなく、お金を持ってどこかに姿を消しました。後から考えれば、ＩＣＯの99％は詐欺、もしくは詐欺に限りなく近い無責任な資金集めだったといえます。

スピンドル事件もその一つです。スピンドルというのは２０１７年に発行された暗号資産で、ミュージシャンのガクト氏が広告塔になっていました。スピンドルの発行元はブラックスターという会社で、発起人は宇田修一氏という人物です（この人物は過去にも行政処分を受けています）。ガクト氏はその知名度を使ってスピンドルを宣伝し、ファンを対象にした投資セミナーでファンを煽りました。その結果、２２０億円ものお金が集まりましたが、取引所に上場後も発行元は何もせず、投資家は大損することになったのです。[21]

ちなみに、当時総務相だった野田聖子氏の夫、野田文信氏はブラックスター創業メンバーの一人であることが後に明らかになっています[22]（ついでに述べるならば、２０２２年８月、最高裁は「野田文信氏が元暴力団員であることは真実」だと認めています[23]）。

ＩＣＯという言葉のイメージが悪くなって使われなくなった後、今度はＩＥＯ（Initial Exchange Offering）という言葉が出てきました。ＩＣＯは取引所上場前に、発行元が直接消費者に暗号資産を販売する仕組みでしたが、ＩＥＯでは取引所が代理店を務めるという点が異なります。発行元や取引所は「ＩＥＯは取引所による審査が入っているためＩＣＯより安全」と主張しますが、これはポジショントークにすぎません。上場後、暗号資産にきちんとした価値が付くかどうかは、発行元の行動にかかっています。ＩＣＯよりはマシかもしれませんが、ＩＥＯも非常にリスクの高い投資であることは理解しておくべきでしょう。

ＮＦＴでも同様のトラブルには事欠きません。ＮＦＴプロジェクトはすべてが成功するわけではなく、ＮＦＴが売り切れなかったり、二次流通市場でまともな値段が付かないことも多々あります。それだけなら詐欺とはいえませんが、発行者によっては、ＮＦＴを発行してお金を得ながらコミュニティを盛り上げる活動を一切行なわず、姿を消してしまうこともあります。値上がりを期待してＮＦＴを購入した人たちは、一銭の価値もないＮＦＴを保有したまま途方に暮れることになります。

こうした行為は「Rug Pull」と呼ばれます（Rugとは玄関マットのような敷物を指します）。人が上に乗っている玄関マットを勢いよく引っ張れば、その人は転んでしまうということからできた表現です。

21 Business Journal「ＧＡＣＫＴ、活動再開で医療機関がプレスリリースの異例さ…仮想通貨広告塔、不倫報道」https://biz-journal.jp/2022/05/post_296622.html（２０２２年5月19日）

22 Kasobu「スピンドル（ガクトコイン）は詐欺だった？現在の価格と騒動の真相を解説！」https://kasobu.com/articles/spindle（２０２１年6月30日）

23 文春オンライン「最高裁で判決確定 野田聖子大臣の夫が『元暴力団員は真実』」https://bunshun.jp/articles/-/56610（２０２２年8月9日）

立ち上がったばかりのＮＦＴプロジェクトを見て、創業メンバーが真摯に価値を生み出そうとしているのか、売れたら姿を消すつもりなのか見極めるのは困難です。特に、マーケティング能力が高い人たちによるプロジェクトは魅力的に見えるもの。そうやってRug Pullを繰り返して荒稼ぎをする人たちがいるのも、現在のＷｅｂ３業界の一面だということは知っておくべきでしょう。

第3章

冬の時代の向こうにあるWeb3の未来

DAOからDAEへ

Web3に対する幻滅

前章までWeb3の仕組みや、Web3ビジネスの現状について述べてきましたが、「期待していたのと随分違う」と感じた方も多いのではないかと思います。

ブロックチェーンやスマートコントラクトといったWeb3の根幹となる技術は確かに画期的ですが、扱えるデータの種類や処理能力などに大きな制約があります。

Web3の技術的な制約を回避しようとした「なんちゃってWeb3アプリケーション」では、非中央集権というWeb3の理想を実現することはできていません。運営企業がデータを握っているという中央集権的な仕組みのままならばWeb2・0とまったく同じですし、あえてブロックチェーンを使う意義はほとんどありません。

Web3を謳い文句にした企業も、ビジネスの本質は従来のIPビジネスで、NFTはファンの獲得や資金調達のツールとして利用しているだけというケースがほとんどです。さらにX2Earnゲームのように、ポンジスキームがビジネスモデルになってしまっているものさえあります。
私が見るところ、こうしたWeb3に対する理解がないまま、既存企業や組織がWeb3に手を出しているケースも少なくないようです。

Web3を対象とした投資ファンドについても、首をかしげてしまうものが散見されます。Curated というNFTアートなどに投資する投資ファンドは、NetScape のマーク・アンドリーセンといったそうそうたるメンバーが参加しており、CryptoPunks、Squiggle[1]、Nouns といった人気の高いNFTへの投資を行なっています。私の目に留まったのは、Curated が「永続性のあるオンチェーンNFTにこだわっている」という主旨の発言をしていることでした。オンチェーンNFT、つまりすべてのデータや履歴がブロックチェーン上にあって永続性のあるNFTだけを扱うというのなら、Web3ならではの投資ファンドといえます。CryptoPunks、Squiggle、Nouns に関しては確かにブロックチェーン上にすべてのデータが載っているのですから、オンチェーンNFTです。

1 ジェネラティブアートのNFT。くねった線が特徴ところが、Curatedが保有する一部のジェネラティブアートNFTは、オンチェーンではないのです。アート生成プログラム自体はブロックチェーン上に書き込まれているのですが、生成処理自体はブロックチェーン外のサーバーで行ない、生成された画像データもやはりブロックチェーン外のサーバーに保存されます。第1章で解説した通り、こうしたやり方では永続性が保証されません。

技術に通じているはずの業界関係者であっても、誤解に基づいてビジネスを進めているケースがあり、Web3業界は極めて混沌としています。

今のWeb3を巡る状況は、私がInternet Explorerやマイクロサーバーを夢中で作っていたWeb1・0の頃と同じ、まだまだ黎明期なのでしょう。

ガバナンス・トークンを利用した資金集めに要注意

もう一つ大きな疑問が、ガバナンス・トークン[2]の存在です。

ガバナンス・トークンを使って資金調達に走るWeb3スタートアップ企業も目に付くようになってきました。

これは、非常に大きな問題なので、もう少し詳しく説明しておくことにしましょう。

Web3以前だと、スタートアップ企業が資金集めをする唯一の方法は、株式の発行でした。スタートアップ企業の創業者は、ベンチャーキャピタルに対してビジョンやビジネスモデルを熱くプレゼンし、気に入ってもらえたところで、株の価格交渉に入ります。

上場している企業と異なり、未上場スタートアップ企業の株価は、買い手であるベンチャーキャピタルと創業者、この二者の交渉で決まります。

仮に、全株式である100株を保有している創業者が2億円調達したかったとしましょう。ベンチャーキャピタルがこの企業の価値を12億円と認めたのであれば、創業者は新規に20株を発行し、これを2億円でベンチャーキャピタルに売ります。

1株当たりの価値がどれだけ減少したかを希薄化率といいますが、この場合ならば、

希薄化率＝20（新規発行株式の総数）÷100（増資前の発行済み株式総数）×100＝20%

2　保有者がその運営への意思決定に参加する権利を与えるトークンのこと

ということになります。

しかし、企業価値が4億円だと見なされたのであれば、スタートアップ企業は50株を新規発行しなければなりません。

希薄化率＝50（新規発行株式の総数）÷100（増資前の発行済み株式総数）×100＝50％

希薄化率は50％と大幅に上がってしまい、創業者の持っている株式持ち分が大きく下がってしまいます。

スタートアップ企業の創業者は、希薄化率が上がりすぎないようにしつつ、より多くの資金を調達するという微妙なバランスをとらなければなりません。

さらに、ベンチャーキャピタルは、株式を購入する際、優先権を求めてきます。

「企業買収の際には、優先株を持っている人は支払ったお金の3倍を先にもらう権利がある」などというのが典型的な優先権です。

たとえば、70億円の企業価値をベンチャーキャピタルに認めてもらい、優先権付き優先株で30億円を調達したとしましょう。このスタートアップ企業が、別の企業に100億円で買収された場合、優先株の持ち主が90億円（30億円の3倍）を先に持っていってしまいますから、創業者には10億円しか入ってきません。株式による資金調達は、スタートアップ企業にとってかなりのリスクを伴うものといえます。

それでは、ガバナンス・トークンによる資金調達はどうでしょうか。

Ｗｅｂ３スタートアップ企業の発行するガバナンス・トークンは、株式ではなく、特定のサービスに関する権利を売却するものであり、株式の希薄化は起こりません。

さらに、ガバナンス・トークンを売る相手は、ベンチャーキャピタルのようなプロの投資家ではなく、一般消費者です。優先権の存在を知らない人が大半ですし、サービスの適正価格を判断する基準も持っていません。Ｗｅｂ３スタートアップ企業によっては、ローンチしたばかりのX2Earnゲームのガバナンス・トークンを販売したりしますが、その値付けはＷｅｂ３スタートアップ企業が一方的に決めたものなのです。

はたして、こうしたガバナンス・トークンにはどのような価値があるのでしょうか。

「ＧＡＦＡＭのようなＷｅｂ２・０的企業は、ユーザーには何の還元もせず、利益を得るのは株主ばかりだ。それに対して、Ｗｅｂ３のガバナンス・トークンなら、保有ユーザーは株主と同様のキャピタルゲインを得られる」

そう主張するＷｅｂ３業界の人間もいますが、これは出資法にも抵触する極めて危うい発言です。

出資法という法律の目的は、「出資詐欺」を禁止することにあります。スタートアップ企業が株式発行による資金調達を行なう場合、必ず出資法に基づく情報開示が必要になっています。それによって、リスクを理解しないままに消費者がベンチャー企業に出資して損してしまうことを防止しているのです。

キャピタルゲインを得られると謳ってガバナンス・トークンを一般の人に売りつけるのは、出資法違反に該当する可能性が非常に高い行為であり、法律の改正をしてでも規制すべきものです。ガバナンス・トークンの発行時には、出資法に基づくものと同等の情報開示を必要とすることにしなければ、ガバナンス・トークンの発行によって出資詐欺的行為をし放題という、ゆゆしき状況です。

ガバナンス・トークンの問題はまだあります。Ｗｅｂ３スタートアップ企業がガバナンス・トークンを売りつける際の常套句は、「将来的には、より多くのガバナンス・

トークンをユーザーに渡し、ユーザー自身が運営するDAOのサービスにする」というもの。

DAOに関する説明で述べたように、**多数決で運営されるDAOはまだ実験段階であり、成功例はまだありません。**特にX2Earnのような新規ユーザーが流入し続ける場合にのみ成り立つ、ポンジスキームのビジネスで運営をユーザーに任せたらどんなことが起こるでしょうか。

日本政府のWeb3推進に物申す

日本政府は2022年6月にWeb3推進の方針を明らかにしましたが、ここまで述べたWeb3の問題点をきちんと理解した上でのことなのか、気がかりです。Web3を推進したい人たちは、Web3スタートアップ企業が資金調達しやすくなる方向で規制緩和を進めたがっているように思われます。

たとえば、税制です。2022年10月現在の税制度では企業などが独自トークン（暗号資産やNFT）を発行した場合、期末時点において保有するトークンの価値は時価で評価されます。これでは何らかの理由から偶然、期末時点で一時的にトークンが値上がりした場合でも、時価で評価された分の、含み益が課税対象になってしまいます。その後の期でトークンの価格が値崩れを起こしたら、過大な税負担に耐えられなくなる人も出てくるでしょう。これを避けるため、Ｗｅｂ３スタートアップ企業は日本からシンガポールやドバイなどに逃げていってしまう。だから、トークンの価値は簿価で評価できるようにすべきだという意見があります。

会社が所有する自社トークンに課税すべきではないという意見には、私も賛成です。そもそも株式については、今でもそうなっているわけで、株式会社が新株を発行して資金調達を行なったとしてもそれは売上ではありませんから税金はかかりません。残った株を保有していても、もちろん税金はかかりません。

問題は、企業が誰から資金を調達するのかということです。

株式の場合、資金調達に関しては高いハードルが設定されています。未上場の企業が株式を使って資金調達する場合、取引相手は基本的にベンチャーキャピタルのようなプロの投資家である必要があります（誰でも株式を売買できる証券取引所に上場するためには、さらに高いハードルをクリアしなければなりません）。

ベンチャーキャピタルのようなプロの投資家は、取引相手の企業について徹底的に調べます。創業者はどういう人物か、ビジネスモデルはきちんとしているか……。そうやってプロの投資家から投資を受けられるところまでたどり着いたスタートアップ企業でも、10社に9社は潰れます。10社に1社でも成功すれば、株価が10倍、100倍になってベンチャーキャピタルは何とか利益を上げられる。スタートアップ企業に投資するということは、これほどまでにハイリスクなのです。

株式での資金調達に課せられた規制なしに、Ｗｅｂ３のトークンによる資金調達を認めてしまったらどうなるでしょうか。間違いなく、ものすごい数の投資詐欺まがいの行為が行なわれることになってしまうでしょう。

確かに、真剣によいサービスを作って世の中に提供したいと考えているＷｅｂ３スタートアップ企業だってあるでしょう。そういう企業にとっては、ベンチャーキャピタルに経営権を握られてしまうこともないトークンによる資金調達は、大きなメリットとなります。

その一方、真面目にサービス作りをするつもりだったのだけど堕落してしまう人たちや、そもそもサービスを作るつもりなどまったくない詐欺師のような人たちも出てきます。

資金力があってまともな企業もあれば、堕落してしまう企業、あるいは詐欺集団もいる。スタートアップ企業は玉石混淆で、その間に明確な境などありません。

プロの投資家にとってすらリスクが高いスタートアップ企業を、一般消費者に開放することがいかに危険なことか、政治家たちは理解しているのでしょうか。

一般消費者を保護するために、営利事業者がWeb3で資金調達を行なうのであれば、出資法や金融商品取引法など、株や社債と同様の法律を厳密に適用すべきです。ちなみに、アメリカではWeb3に関して、Howeyテストを用いて、それが「投資」に該当するかどうかの判断を行なう方向で法整備が進んでいます。

Howeyテストというのは、「新規発行トークンが有料で販売されるか」「トークン保有者が利益を得るために何をする必要があるか」「トークンがどのような機能を持つか」「トークンの利益がブロックチェーン外での行動に依存しているか」といった項目からなり、合計スコアで「証券かどうか」を判定します。証券に該当すると判定されたトークンは、発行するために政府の承認が必要になります。

こうして消費者を守っているわけです。

また、X2Earnゲームに限らず、Ｗｅｂ３業界ではポンジスキームが蔓延しています。先述したように、ＮＦＴや独自暗号資産を売り出す際に、インフルエンサーに宣伝させて期待を煽り、トークンの価値を吊り上げていくような手法が横行しているのです。こうしたやり方を用いれば、トークンの発行者やインフルエンサーなどの先行者は大きな利益を得られますが、その利益は後から参加してきた人のお金を、先行者の懐に回しているだけのものだともいえます。ネズミ講については現在でも「無限連鎖講の防止に関する法律」で取り締まれるようになっていますが、これをＷｅｂ３にも適用できるように法整備を進めるべきでしょう。

このように書くと、Ｗｅｂ３ビジネスに関してはとにかく法的規制を強めるべきだと、主張しているように思われるかもしれません。

しかし**問題は、一般消費者に高いリスクを負わせて、一部の人間が資金を調達したり、不当な利益を上げることにあります。**

非営利団体が寄付を集める手段としてＮＦＴや独自暗号資産などのトークンを用いることについては、大きな可能性があると考えていますので、積極的に活用できるようにしてもらいたいものです。ただし、その場合についても適切な法的整備は必要で

しょう。たとえば、寄付で得たトークンを転売して得た利益については課税をすると
いった施策が考えられます。

なお、2022年9月にデジタル庁の方からDAOについて聞きたいという話をいただきました。そこでお話しした内容を下記にまとめておきます。

1. DAOは画期的な仕組みではあるが、株式会社を置き換えるものではない。
2. Web3ベンチャーの多くが、NFT+DAOを消費者から運営資金を集める手法として使っているが、とても危険である。詐欺が横行しているのはもちろんだが、詐欺でないものでも、十分な情報を得ていない一般消費者が大きなリスクにさらされている点に注目すべき。
3. Web3の世界では、後から参加した人から得たお金を先行者に流すことにより、先行者であるインフルエンサーにマーケティングをさせる「先行者マーケティング」が盛んに行なわれており、非常に危険である。インフルエンサーがポジショントークで、ポンジスキームに加担する仕組みだ。
4. 独自トークンの発行によりわかりにくくしているが、実質的なポンジスキーム・ネズミ講が行なわれている。法的整備も含めて、「無限連鎖講の防止に関する法律」

を適用すべきものである。

5. 以上の理由から、営利事業者がNFT+DAOを使って「資金」を集める場合は、株や社債と同様の法律（出資法、金融商品取引法）を厳密に適用して、消費者を守るべきである。米国では、Howayテストを適用してその判断をする方向で話が進んでいるが、これを見習うべきである。

6. しかし、非営利な団体が「寄付」を集める手段としてのNFT+DAOは、大きなポテンシャルを持つので、適切な法的整備により、非営利団体が活用できるようにするべきである。

7. ただし、「寄付」により得たNFTは、転売が可能である点に注目し、税金の控除や転売による利益の課税などについて必要な法的整備をすべきである。

Web3による究極のアプリケーションは「国家」

本当の意味で価値のある、社会にとって不可欠だといえる、そんなWeb3アプリケーションはまだ登場していません。暗号資産やNFTによる資金調達ができるようになったのは画期的なことではありますが、マイナス面も多いのは、ここまでに述べた通りです。

だからといって、Web3には意味がないと考えるのも早計です。

誰にでも情報にアクセスできる透明性と、管理者がいなくても動き続ける永続性、そしてスマートコントラクトの自動処理による厳密性。

これらの特徴をすべて兼ね備えた仕組みは、今のところWeb3以外には存在しません。

そう考えていくと、Web3が本質的な意味で最もその力を発揮するのは、**国や自**

治体がかかわる公的な分野であると私は考えています。

先に挙げた不動産ビジネスにしても、不動産登記を国がブロックチェーンで管理しているのであれば、取引はより信頼でき、スピーディなものになります。現在の不動産ビジネスは手数料が高く、時間もかかりますから、流動性は株式などに比べてはるかに低くなっています。しかし、ブロックチェーン上で不動産情報を扱えるようになれば、安くなった土地を自動で買うといったアルゴリズム取引[3]も不可能ではなくなるでしょう。

ほかにも、住民台帳がブロックチェーンに記録されていれば、民間企業もそのデータを元にして本人確認を行なえますし、引っ越しの際の手続きも格段に簡素化できる可能性があります。公文書もブロックチェーンに記録していけば、黒塗りなどをする余地はありません。

そして何より、お金の流れです。2021年に開催された東京2020夏季オリンピックは閉幕後、次々と問題が明らかになりました。電通出身の大会組織委員会元理

3　アルゴリズムを先に設定しておくことによる自動売買

事が複数の企業から多額の賄賂を受け取って便宜を図っていたとの疑いで逮捕されましたが、本来であれば、公金が投入される大規模プロジェクトこそ、透明性が最も求められるもののはずです。

国の根幹にかかわる事柄こそ、Ｗｅｂ3を活用すべき分野だといえます。もっとも、今Ｗｅｂ3を推進しようとしている政府関係者が、自分たちのクビを絞めるかもしれない透明化を今後力強く進めていくかどうかは疑問ですが。また、無理矢理にＷｅｂ3を使ったシステムを官公庁に導入したとしても、透明化の文化が根付いていないのであれば、結局従来通りブロックチェーン外の根回しで物事が決まってしまうだけかもしれません。

しかし正直なところをいえば、すでにシステムの確立された国がＷｅｂ3に移行することは相当に困難だと思われます。

逆にいえば、小規模な新興国であれば国家システムをＷｅｂ3で作ることもできるのではないか。私はそう期待しています。

私たちが馴染んでいる民主制は、Ｗｅｂ3どころかインターネットも存在しない時代に生まれたものです。日本の選挙においては、候補者の名前を紙に書くという前時代的な仕組みがいまだに残っているほどです。

Web3をはじめとするテクノロジーによって、一から「国家」や「民主制」を作ったら、どうなるのか。

選挙も今のような形ではなくなるでしょう。人に投票するというよりも、個々の政策について有権者一人ひとりが投票することができます。今は投票するにもガス代がかかりますが、Polygonのように、もっとガス代がかからないブロックチェーンを作ろうと動いている人たちもいますから、いずれ技術的には実現できるようになるでしょう。

もっと進めば、「社会保障4：教育政策4：軍事費2」などと、個々が自分の税金を何に使うのかを自分で決めて、政府はそれによって配分された予算に則って政策を動かす、ということもできます。

そもそも政治に参加しようとしたときに、今の自民党一強では、誰も出馬しようと思いませんし、政治家になったとして自分が考えていることが実現できるとは思えません。

もし、国の設計をソフトウェアで行なうような国が実現できるのであれば、それなら加わってみたいと思えます。もちろんソースコードはオープンになりますので、私が得になるようなコードを書けば、すぐばれてしまいます。

国民投票による政策の選択、透明な予算配分、迅速な不動産取引、確実な本人確認、暗号資産を用いた公平な税制とスピーディな給付金——。これまでどんな国でも実現できなかった、新しい民主制を実現できる可能性があります。

この「Web3民主制」がいったんローンチしてしまえば、旧態依然とした仕組みに後戻りすることは不可能でしょう。

同じようなことを考えている人たちはいるもので、"The Network State"というサイトでは、Web3を用いた新たな国の形について様々なアイデアが提言されています。

小さなオンラインコミュニティから始めて、クラウドファンディングでリアルな住宅や街の建設も進める。世界中にできたこうしたコミュニティをネットワークで結び、ブロックチェーン上で国勢調査を実施。外交的な認知度を高めて、真のネットワーク国家を建設する、というビジョンにはワクワクさせられます。

GAFAM的企業から、価値の提供を純粋に目指すDAOへ

第1章でNouns DAOは創設者への報酬の提供の仕方が最大の発明であるとしましたが、こうした仕組みによって、従来の株式会社とはまったく方向性の異なる組織運営が可能になると考えられます。

Nounsの創設者は、毎日1個生成されるNFTの10個に1つを受け取れるという仕組みになっていました。これは、通常のベンチャー企業のストックオプションと似ている面もありますが、一つ根本的に大きな違いがあります。上場や売却などのエグジット[4]が不要な点です。

ベンチャー企業のストックオプションは、後から入って来た従業員に「会社を成功させたい」というインセンティブを与えるために使われるとても便利なツールですが、ストックオプションはエグジットして株にはじめて換えられるものであるため、正確には「会社をエグジットに向かわせる」方向にインセンティブが働くのです。こ

4 株式公開・譲渡・会社の売却などによって創業者や出資者が株式を売り利益を得ること

のインセンティブは実株を持つ創業者にも、優先株を持つベンチャーキャピタルにも働くため、ほとんどのベンチャーは、「会社をエグジットさせる」ことを最優先して行動するようになります。

Web2・0の時代には、このインセンティブが、赤字を垂れ流しながらもとにかくユーザーを増やして、GAFAMの1社に買収してもらう戦略につながり、それでさらにGAFAMが大きくなる、という循環を生み出していました。グーグルによるユーチューブの買収、フェイスブックによるインスタグラムの買収、が典型的な例です。

それと比べると、Nounsが採用している「5年間、10日に1つ新たなNFTを渡す」というシステムは、エグジットなどなしにすぐに開発者たちに報酬が与えられる上に、開発者たちに「Nouns DAOの価値を高めて、Nouns NFTの市場価値を上げる」というインセンティブが働くのです。Nouns DAOのメンバーに関しても、メンバーになった目的はNouns DAOを買収することではないし、外部から投資家なども入れていないので、ベンチャー企業のような「エグジットしなければいけない」というインセンティブがまったく働かないのです。

私はここにこそ、Ｗｅｂ3が目指す真の「非中央集権的な世界」を作る鍵があると思うのです。ＧＡＦＡＭを生み出してきた、シリコンバレー型のビジネスモデルとは正反対のビジネスモデルです。

大手のベンチャーキャピタルであるa16zは「Ｗｅｂ3こそが未来だ」と言いつつ、Ｗｅｂ3ベンチャーに莫大な投資をしていますが、それはＷｅｂ3がもたらすであろう「非中央集権的な世界」とはほど遠いと批判を浴びています。a16zがやっていることは、「Ｗｅｂ3時代のＧＡＦＡＭ」になるポテンシャルのあるベンチャーに大量の資金を与えて一人勝ちさせて大きなリターンを得ようというビジネスモデルです。これでは、Ｗｅｂ2・0以前までのビジネスモデルとまったく変わらないものであり、到底、真の「非中央集権的な世界」が実現されるような未来はやってきません。

「非中央集権的な世界」を成り立たせるために

ではどうすればよいのか？　ようやく見えてきたのは、非営利法人とＮｏｕｎｓ型のトークンを活用したインセンティブモデルの組み合わせです。

サービスを運営する主体は、NPO、NGOなどと呼ばれる非営利法人が行ないます（日本では、「非営利型の一般社団法人」です）。そこが「社会に価値をもたらす」というビジョンの元にプロジェクトを立ち上げ、開発者集団とスマートコントラクトで契約を結ぶことによって、生み出したサービスを社会に提供するのです。

開発者集団への報酬の提供の仕方は、NounsのようにNFTを発行するNFTの一部を渡すものでもよいし、売上の一部を渡すのでも構いません。

大切なことは、**開発者のインセンティブを非営利法人の目的と一致させることです。**そこの設計さえしっかりとできており、かつ、スマートコントラクトによって自動化されていれば、開発者たちは、そのサービスの成功のために懸命の努力をし、Win-Winの関係を築くことが可能になるのです。

「非営利法人がよいサービスなんて作れるの？」「会社って本来お金儲けをするためのものじゃないの？」という疑問を抱く人も多いと思いますが、そもそも株式会社というシステムができたのは、一人ではリスクが大きすぎてできないことを、複数の人から資本を集めて行なうためです。そして、資金を提供してくれた株主に恩返しをするために、会社は利益を上げなければならない設計になっているのです。

しかし、今の時代、多くのことを「ソフトウェアだけ」で成し遂げることができるようになりました。そんな世界では、最も価値があるのは開発者たち（ソフトウェア・エンジニア、デザイナー、プロジェクト・マネージャーなど）であり、大半のコストは彼らの人件費です。

ということは、スマートコントラクトを使って、開発者たちに間違いなく報酬が支払われる仕組みがあり、かつ、会社と開発者たちのインセンティブ設計がきちんとできていれば、会社は規模や利益を追求しなくてよいし、大きな資本も不要なのです。つまり、会社は必ずしも株式を発行する必要もないし、ストックオプションの設定をすることもないし、開発者たちを直接雇用する必要すらなく、税制面で優遇されている非営利法人で一向に構わないのです。

私は、こんな形で数多くの非営利法人が立ち上がり、そこにかかわる開発者たちが、発行されるトークン（NFT＋暗号通貨）の形で報酬を受け取る世界こそが、「来るべきWeb3の世界」であると思うし、それを実現してこそ、「Web3の時代になっても、新たなGAFAMに力が集中してしまう時代」を防ぐことができると考えています。

Ｗｅｂ３の信者たちは、「ＤＡＯこそが株式会社に代わるＷｅｂ３時代にふさわしい姿だ」と主張しますが、それはリーダーシップ不在のＤＡＯの運営の難しさを理解していないから言える言葉なのです。ＤＡＯの中でも「最もＤＡＯらしいＤＡＯ」と言われているＮｏｕｎｓ ＤＡＯですら、結局、その運営に真剣に取り組んでいるのはファウンダーとメンバーの一部であり、彼らのリーダーシップが必須な組織になっているのです。

ちなみに、悪質なのは、ベンチャーキャピタルから資金調達をしたベンチャー企業が各所に作っている「なんちゃってＤＡＯ」です。ＤＡＯという名前で、非中央集権的な組織を装ってはいますが、結局はすべての命運はサービスを運営する経営側に握られており、本当の意味での非中央集権的ではまったくないのです。また、エグジットにより大きな利益を得るのは、創業者、従業員、投資家だけであり、ＤＡＯのメンバーには値上がりするかもしれないガバナンスＮＦＴを買うというリスクだけを負わせているのです。

そう考えると、「ＮＦＴそのものを報酬として開発者に渡す」という仕組みだけをＮｏｕｎｓ ＤＡＯから継承し、経営の部分は従来通りのリーダーシップがいる形で行ないつつ、サービスの運営そのものは利益や売上よりも「世の中に価値を提供すること」を優先し、エグジットも目指さない、という形がWeb3時代のやり方としてふさわしいのではないかと考え始めています。

未来のWeb3経済圏のために手を動かす

Web3で国家を作るというのは刺激的なビジョンではありますが、はるか先の未来の、夢物語だと感じられた人もいるでしょう。

しかし、私がこのような結論に達したのは、Web3アプリケーションを自分でプログラミングしたからこそです。実際に手を動かしてプログラミングを行ない、ブロックチェーン上に、作成したスマートコントラクトをデプロイすることを繰り返しているうちに、Web3が目指すべき方向が見えてきたのです。

とはいえ、ネットワーク国家というのははるかな先のことでしょう。

第1章で、Web3の魅力は、ブロックチェーン上にデプロイしたスマートコントラクトが誰の助けも借りずに永続的に動き続ける点であると指摘しましたが、開発者として今私がやるべきことは**「世の中に価値を提供し続けるスマートコントラクトを後世のために残すことしかない」**という結論に至りました。

そして実際に作りながら、Web3ならではの経済圏を作ることも可能だという感触を得ることができました。

ここからは私が行なってきたWeb3の取り組みについて、説明していくことにしましょう。

フルオンチェーンのジェネラティブアートNFT

第1章で紹介した「Nouns Love」NFTの開発では、私はメインの開発者ではなく、コードレビュー[5]とデプロイだけを行ないましたが、これはとてもよい経験になりました。

それでは、次には何を作ろうか。

X2Earnゲームでも作れば儲けることはできるでしょうが、そんないかがわしいことはやりたくありません。だからといって、Web3を使って真っ当なビジネスを何

5 プログラムのコードに誤りや非効率なところがないかを検査すること

か立ち上げられるかといえば、まだ誰もきちんとした回答を出せていません。

Ｗｅｂ３に大きな可能性を感じているのに、何を作ればよいのかわからない。悩んでいてもしょうがないので、とにかく手を動かして簡単なＮＦＴを作ってみることにしました。Windowsの開発でもアプリの開発でも、私はいつもそうしてきましたし、そうでないとアイデアも浮かばないのです。


様々なＮＦＴの仕組みを研究した結果わかってきたのは、大半のＮＦＴは永続性がないということでした。第2章で「なんちゃってＷｅｂ３アプリケーション」について説明しましたが、ほとんどのＮＦＴがまさにこれだったのです。

一方のＮｏｕｎｓ ＮＦＴでは、生成された画像も含めてすべてのデータをブロックチェーン上に置いています。

それならば、ドットだけでなく直線や複雑な曲線を組み合わせたベクトルデータでもっと自由度の高いジェネラティブアートを作り、それらをすべてブロックチェーン上に置く、つまりフルオンチェーンにできないか。


とはいっても、何の目的もなくＮＦＴを発行しても仕方ありません。開発に取りかかり始めた6月が、LGBTコミュニティをお祝いするPride Monthだったことにちなみ、「Pride Squiggle」というNFTコレクションを作ることにしました。

Squiggleというのは「殴り書き」という意味で、デザインは「Chromie Squiggle by Snowfro」というNFTを参考にして、LGBTコミュニティのシンボルカラーである虹色をあしらいました。当初、私はChromie Squiggleもフルオンチェーンだと思い込んでいたのですが、実際にはそうではありませんでした。意外にも、フルオンチェーンのジェネラティブアートNFTという分野は、取り組んでいる人がほとんどいないブルーオーシャンだったのです。

Pride Squiggle NFTコレクションの各トークンには、ユニークなトークンIDが割り振られています。NFTのスマートコントラクトは、このトークンIDを元に（技術的にいうとトークンIDを乱数シードとして）画像を生成します。OpenSeaなどでPride Squiggle NFTを閲覧すると、トークンごとに別々の画像が生成される仕組みです。画像を表示する際に、ブロックチェーン外のデータは何も参照していません。Pride Squiggle NFTの開発は2週間ほどでできましたが、手間がかかったのはそ

Pride Squiggle

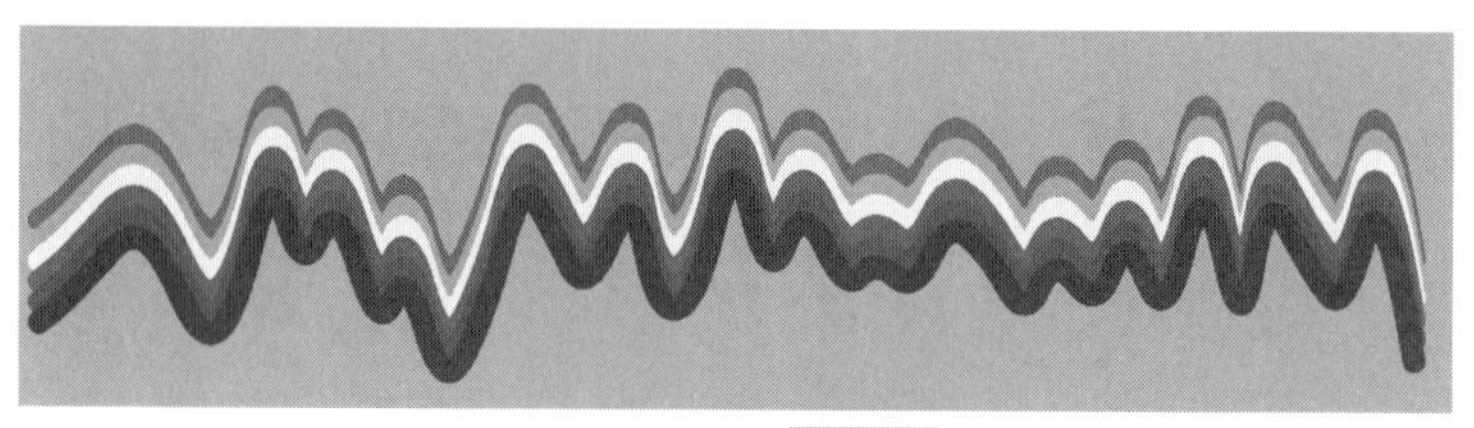

Pride Squiggle NFTs　No Metamask

We, Singularity Society, have decided to create Pride Squiggle NFTs, a fully on-chain, generated NFT collection to celebrate Pride Month 2022.

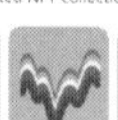
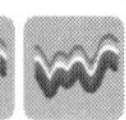
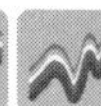
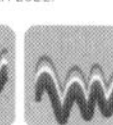

We are releasing 0 NFTs to the LGBT community and supporters for free.

の後の手続きです。

私は、Pride Squiggle NFTをフリーミント、つまり無料で提供し、二次流通のロイヤリティのみLGBTコミュニティに渡るようにしようと考えていました。

NFTマーケットプレイスのOpenSeaで生じたロイヤリティを、NFTに対応していない非営利コミュニティに渡すにはどうすればよいか。あれこれ調べた結果、The Giving Blockという会社の仕組みを経由することで、非営利団体にロイヤリティを渡せることがわかりました。OpenSeaにおける取引で生じたロイヤリティは、The Giving Blockのウォレットに一度入り、この会社が非営利団体の

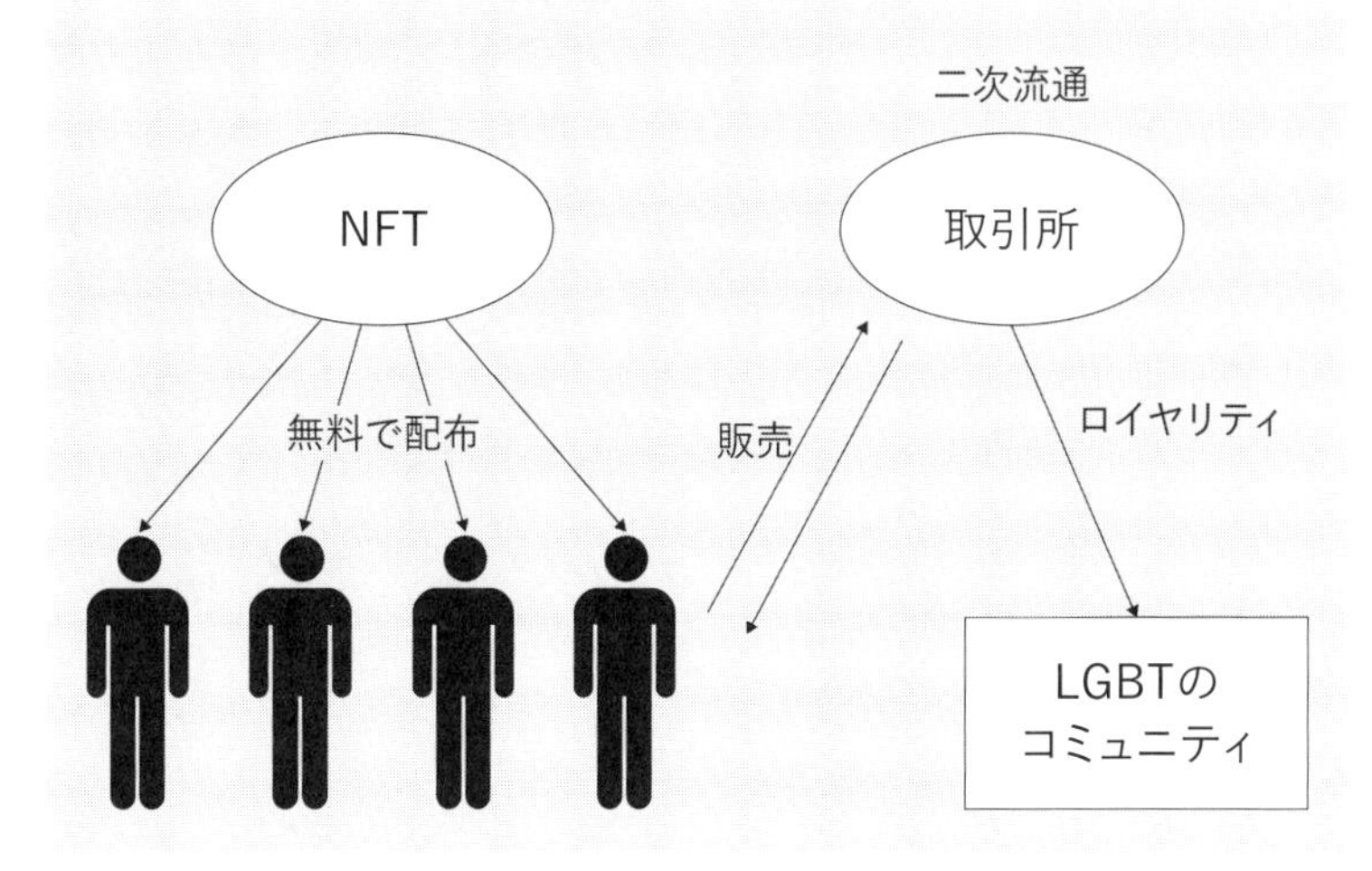

OutRight Action International に送金してくれるのです。

このPride Squiggle NFTが二次流通市場で転売されて値段が上がっていけば、対象コミュニティへの寄付も増えていきます。その過程において、私は何もする必要がありません。一度デプロイされたNFTのスマートコントラクトに従い、すべては自動的に進んでいくからです（最後の送金処理すら自動化されています）。

私が今後もWeb3の分野で活躍し続けて、プロジェクトが評価されるようになれば、Pride Squiggle NFTの価値も高まることになるでしょう。

オンチェーンのアセットストア：より自由にオンチェーンで創作できる世界へ

Pride Squiggle NFT の開発がとても楽しかったため、フルオンチェーンのジェネラティブアートをもっと作っていこうと思いました。

しかし、その前にどうしても作っておかなければならない仕組みがありました。

それが「**オンチェーン・アセットストア**」です。

それは何かというと、インターネット上には、再利用できるベクトルデータ（直線や曲線の組み合わせによって表現された画像データ）がたくさん公開されています。こうしたデータをWeb3で扱えるようにしたいと考え、そうしたデータを置いておける、いわば「お店」のようなものを作ろうと考えました。たとえば、クリエイティブコモンズというプロジェクトに準拠したデータもその一つです。クリエイティブコモンズでは、CC0、CC-BY-SA（Creative Commons Attribution-Share-Alike）

などの形でライセンス条項を明示しており[6]、なかでもCC0は、作者が著作権などの権利を手放しており、パブリックドメインとして誰でも利用できることを示しています。

こうしたベクトルデータをブロックチェーン上に書き込むだけでなく、さらに他のスマートコントラクトから自由に使えるようにできれば、フルオンチェーンのNFTが安く誰でも簡単に作れるようになります。そのための仕組みがオンチェーン・アセットストアということになります。

オンチェーン・アセットストアにおいて中心的な役割を果たすのが、アセットストアというスマートコントラクトです。これに関してはあとからアップデートが不可能なため、慎重に慎重を重ねて実装しました。来日する際の飛行機の中でとりあえず動くものを作りましたが、それから何度もリファクタリング（挙動は変更せず、内部構造を整理すること）を行ないました。

アセットストアは、ブロックチェーン上のデータベース入出力機能、管理者向け機

6　ちなみにCC-BY-SAは原作者のクレジット表示を行なえば、再配布や改変、営利目的での二次利用もできる

能、アセットの登録機能などが階層構造になっている形式のものにしましたが、実際にコードを書かずにこの構造にたどり着くのは難しかったと思います。何度もコードを書き直すことを効率が悪いといって嫌がるプログラマーもいますが、実際にコードを書いてはじめて理解できることがたくさんあります。まずは動くものを手早く作り、リファクタリングを繰り返して、よりよい設計・実装に近づけていくのが一番の方法です。

プログラマーが「コードを書く」行為は、料理人にとっての「料理をする」行為に相当します。美味しい料理のレシピにたどり着くため、料理人が試行錯誤を繰り返すのと同様、プログラマーはコードの書き直しをためらうべきではありません。

アセットストアというスマートコントラクトの次に私が取り組んだのは、「**SVGデータの圧縮アルゴリズムの設計と実装**」です。

ネット上に公開されているベクトルデータの多くは、SVG（Scalable Vector Graphics）と呼ばれる形式になっています。SVG形式は表現の自由度が高く、ほとんどのウェブブラウザで表示できます。ただ、SVG形式の画像そのものをブロックチェーン上に載せようとすると、単純な画像であってもサイズが大きくなりすぎてしまいます。そこで「圧縮」の処理を行なって、データサイズを小さくできるツールを作りました。

ただ、そのツールもSVGに含まれるすべての要素に対応するのではなく、直線や曲線を描画するための要素（PATH）だけに限定。また、小数点を使わず整数だけでデータを表現できるよう変換するなどの工夫を行なった結果、元のSVGファイルを4分の1から3分の1程度まで小さく圧縮できるようになりました（この時点では、SVGファイルの変換に一部手作業が必要でしたが、自動化は後回しにして、オンチェーン・アセットストアのローンチを優先することにしました）。

大勢の人にガス代を負担してもらう「クラウドミンティング」

さて、アセットストアには一つ問題がありました。ブロックチェーンに書き込む時のガス代です。

できるだけたくさんのベクトルデータをオンチェーン・アセットストアにアップしたいと思いましたが、大量のベクトルデータをブロックチェーンに書き込むにはデータを圧縮していたとしても多額のガス代がかかります。最初にアップしようと考えていたのは、グーグルが公開している「Material Icons」というアイコンデータでしたが、これは全部で２０００個もあり、それを一度に書き込むのは現実的ではありません。

そこで、思いついたのが**「クラウドミンティング」**の仕組みです。大勢の人にアイコンを一つずつアップロードしてもらい、ガス代を負担してくれた人にはその証となるNFTを渡す、というアイデアです。

それでもこの時点ではガス代がどれくらいになるかまったくわかりませんでしたから、できる限りクラウドミンティングが魅力的になるよう、「ボーナスNFTを複数提供する」「ミントを行なった人の名前を刻める」「アフィリエイト機能を持たせる」という3つのインセンティブを加えることにしました。アイコンのアップロードで結構な額のガス代がかかったとしても、将来的に利益が得られる可能性を持たせるようにしたのです。

DAOの面白いところは、通常のプログラミングと違って、単に動くものを作ればよいだけでなく、適切なインセンティブ設計により数多くの人々の行動を促さなければ

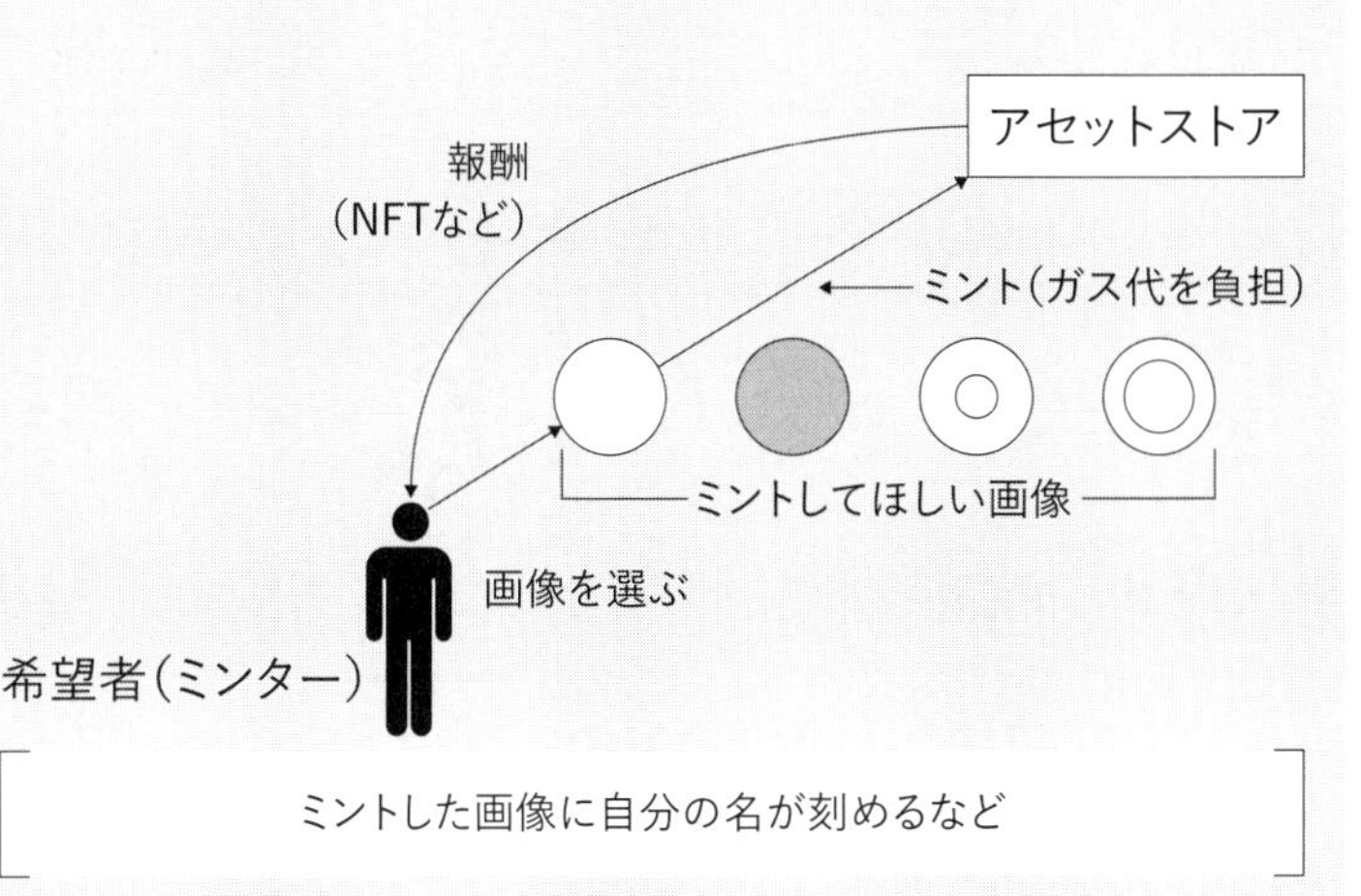

ばならない点にあります。逆にいえばその部分こそが最も難しいところなのですが、まさにこれこそが「Web3プログラミング」だし、「理想のDAO作り」にもつながるので、勉強の意味も含めて開発を進めていました。

オンチェーン・アセットストアと、SVG変換ツール、そしてクラウドミンティングを可能にする仕組みを作ったことで、Material IconsをNFT化する準備はできました。しかし、仕組みだけ作って公開しただけでは、Web3のプロジェクトは動きません。支持してくれる人たちのコミュニティが不可欠なのです。

NFTではチャットツールのDiscordを使ったコミュニティが一般的なので、私もDiscordコミュニティを立ち上げてツイッターなどで告知、幸い900人を超える方にメンバーになっていただくことができました。コミュニティメンバーが協力してくれたことで、Material IconsのNFT化も順調に進みました。

家紋のNFTコレクション：人類の遺産として残すべきデータにどんなものがあるか？

Material IconsのNFTプロジェクトを進めたことで、ネット上で公開されているベクトルデータをNFT化するノウハウも蓄積することができました。

ブロックチェーンに載せるということは、データが永続的に残るということ。その性質を活かすために、人類の遺産として残すべきデータにはどんなものがあるでしょうか。

ネット上で探した結果たどり着いたのが、発光大王堂というサイトで配布されている家紋データです。このサイトでは、家紋のベクトルデータを数百種類、フリー素材

家紋ＮＦＴコレクション

*All Kamon vector data were provided by Hakko Daiodo.

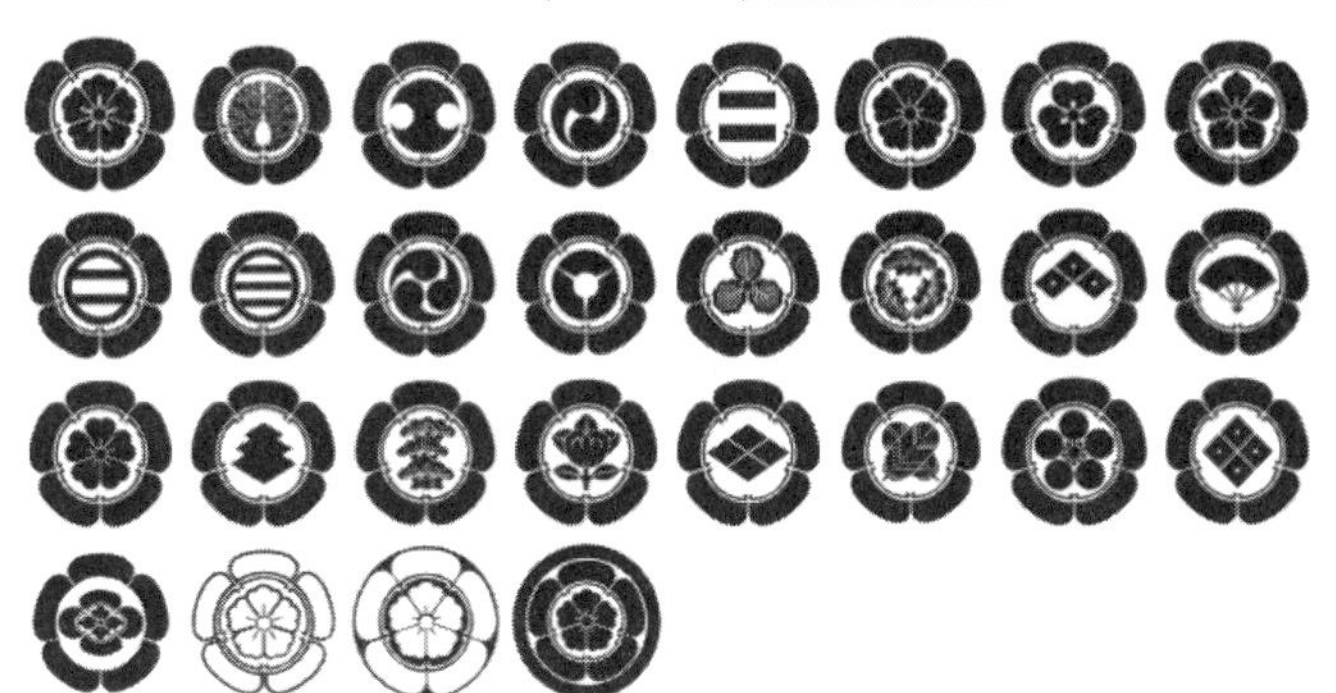

Gokani Mitsukashiwa, Uri

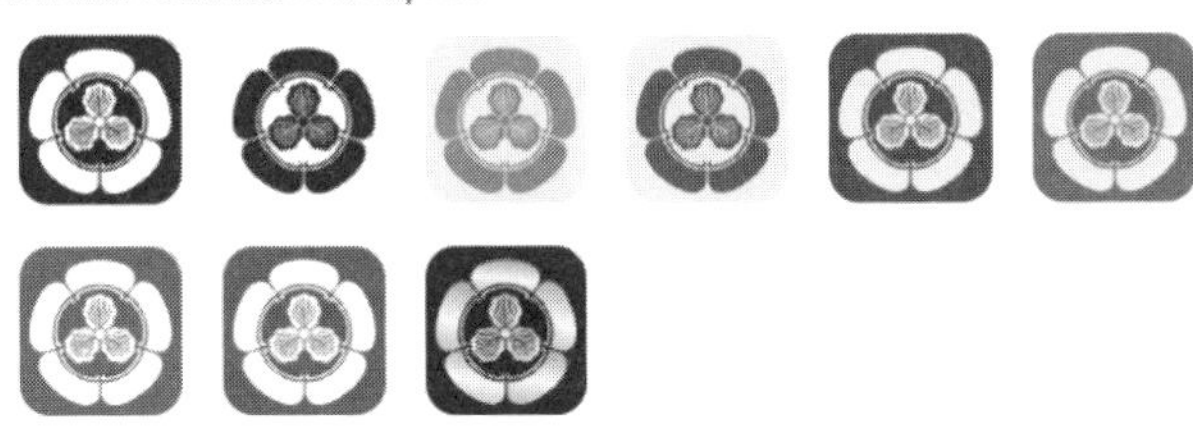

として提供しており、商用利用も含めて自由に使ってよいということでした。管理人の発光大王堂さんにもコンタクトを取って、ＮＦＴ化の許可とコレクション名に発光大王堂の名前を使う許可をいただきました。

　ただし、家紋データをオンチェーン・アセットストアにアップするにはいくつかの課題がありました。開発したＳＶＧ変換ツールを使うにしても、元のベクトルデータの構造がきれいに整理されている（「正規化されている」ともいいます）必要があるのですが、それを行なうために手作業が少なからず発生すること。こちらは、ベクトルデータの編集アプリを使って半自動化することでしのぎました。

　もう一つの問題は、データ量です。先の Material Icons に比べて家紋データははるかに複雑であるため、ブロックチェーン上に圧縮・格納したデータを展開する（圧縮前の形に戻してブラウザーが表示できるＳＶＧ形式に変換する）際に多大な計算量が必要になってしまうのです。

　イーサリアムのブロックチェーンでは、展開時の計算量が大きすぎるスマートコントラクトは実行できないように制限が設けられていたことを、私はこの時初めて知りました。そこで、複雑な計算を行なう部分に関しては、アセンブリという仕組みを使って計算量を大幅に減らすことに成功しました。

こうしてできた家紋NFTもクラウドミンティング形式で、多くの人たちにそのNFTをミントしてもらう形でローンチしましたが、ミントするためのガス代がMaterial Iconsの5～10倍にもなりミンターの負担も大きくなります。インセンティブを高めるため1回のミントで報酬として9個のNFTを追加で渡すようにしました。白黒の家紋のほか、金色っぽいデザインなども加えたことで、和風のテイストがうまく表現できたように思います。家紋NFTは20個作るのに1時間ほどかかってしまうのですが、売り出すとすぐに完売するようになりました（といっても必要なのはガス代だけで無料ですが）。

家紋NFTなどの目的は、ビジネスとして利益を上げることではなく、歴史的に価値のあるデータをブロックチェーン上に残していくことにあります。ブロックチェーンに書き込むためにもコストがかかりますから、そのコストをクラウドミンティングによって分散するのが狙いです。

二次創作の収益化も行なえる「Draw2Earn」

家紋ＮＦＴでは、すでに存在するデータをブロックチェーン上に保存するために不特定多数の人にガス代を負担してもらいました。

この仕組みを、ビジネスに応用することはできないだろうか。

そう考えて開発したのが、**「Draw2Earn」というWeb3アプリケーション**です。

アドビのIllustratorやオープンソースのInkscapeなど、ベクトルデータを作るお絵描きアプリ（ドローアプリ）は世の中にたくさんありますが、Draw2EarnはＷｅｂ３版のドローアプリとして世に送り出そうというものです（まだ正式版はリリースしていません）。

Draw2Earnを使ってアーティストの人がウェブブラウザ上で絵を描くと、その絵をシームレスにＮＦＴとしてブロックチェーン上にミントすることができます。ガス代は必要ですが、ミントは無料で行なえます。ちなみに、私のところには一銭も入りません。

描いた絵がＮＦＴになるのは面白いかもしれないけど、それがどうビジネスにつながるのか？　そう疑問に思われる方もいるでしょう。上手なアーティストなら絵のデータをブロックチェーンにアップしたりせずとも、マネタイズすることはできます。Draw2Earn の特徴は、絵を描いたクリエイターやクラウドミンティングに協力した人に対して、売上の大半（97・5％）を、売上が上がった瞬間に、即時かつ自動で分配することにあります。アーティストは、自分の描いた絵をマネタイズすることができるわけです。

これは、単に描いた絵をサイトで販売するということではありません。Draw2Earn では、ブロックチェーン上に絵のデータだけでなく、描いたユーザーのウォレットアドレスも記録していきます。

たとえば、Ａというユーザーが Draw2Earn を使って、ネコの絵を描いたとしましょう。Ａは、このネコの絵をＮＦＴとして無料でミントできます。今度は、別のＢというユーザーが、Ａの描いたネコの絵に吹き出しを描き足して、一コママンガに仕立てます。Ｂは一から絵を描いたわけではありませんから、ＮＦＴとしてミントするために０・０２イーサ程度の手数料を払います。すると、この手数料の97・5％がＡの

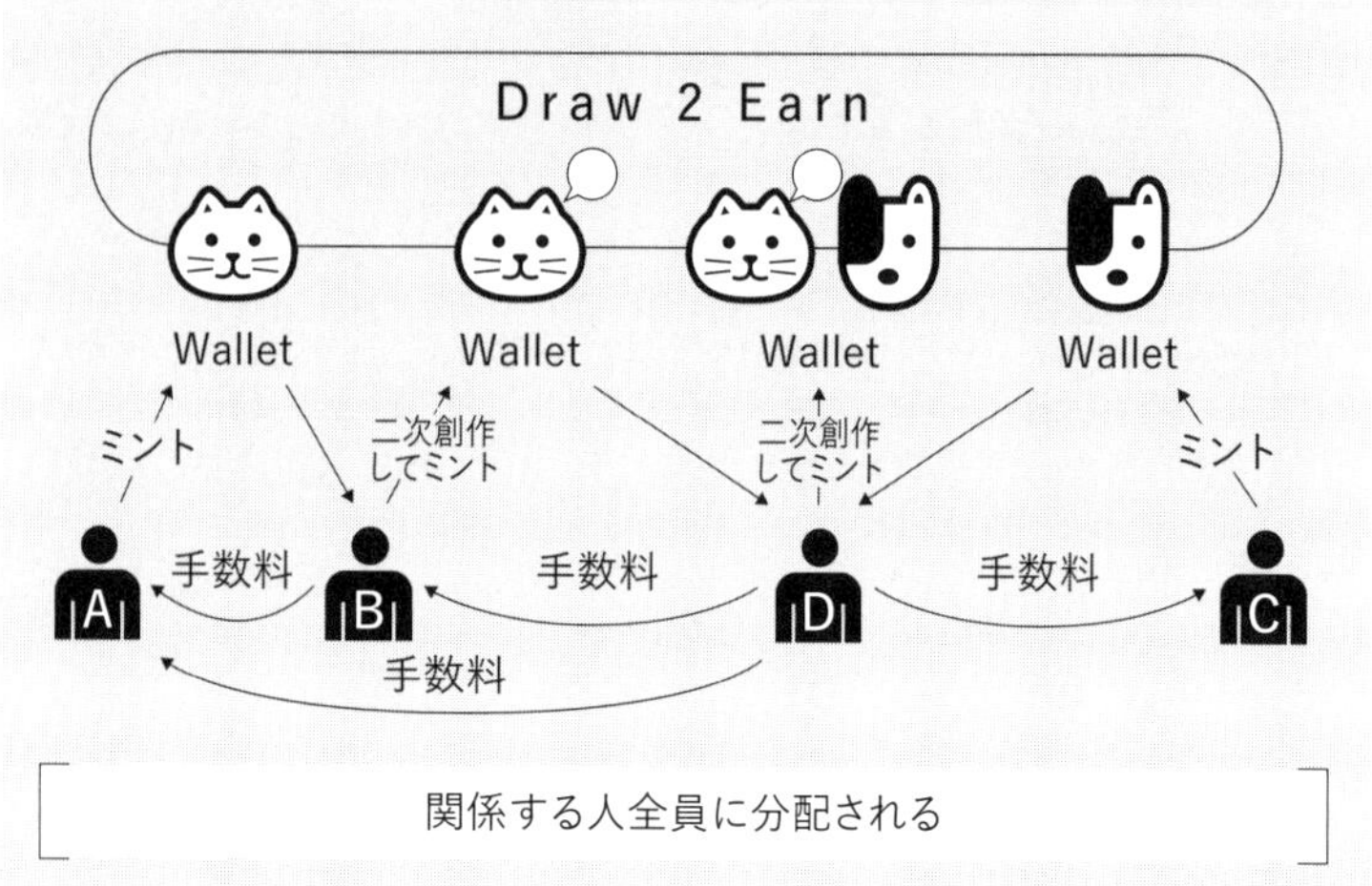

ウォレットに直接送られるわけです（上図参照）。

さらに、ユーザーCがイヌの絵を描き、ユーザーDがAのネコとCのイヌを組み合わせたイラストを作り、ユーザーEはDのイラストでマンガを作ったとしましょう。すると、Eの手数料は、ネコを描いたA、イヌを描いたC、組み合わせてイラストを作ったDに分配されます。オリジナルの絵を描いた人はもちろん、リミックスを作った人にも報酬が流れるようになっています。

つまりはDraw2Earnを使えば、

二次創作を行なった人と、その二次創作の元となったオリジナル作品の作者にも、しっかりとした報酬を支払うことのできる、手前味噌ながら、きわめて画期的なサービスにできていると自負しているものです。

このDraw2Earnは、先述した家紋NFTなど、オンチェーン・アセットストアにアップされたデータとも連係しています。たとえば、Draw2Earnで絵を描いて、そこに家紋をスタンプとして貼り付ければ、家紋をミントした人にも売上が分配されることになります。

ちなみに、Draw2Earnでユーザーが描いた絵に関しては「商用でない場合は自由に活用してよいが、商用利用する場合はスマートコントラクトを使って売上を分配しなければいけない」というライセンスにすることにしました。

その後、アセットストアから取り出したアセットを組み合わせるアセットコンポーザー、その組み合わせたものもアセットとして扱えるI(アイ)アセットプロバイダーというインターフェイスを定め、アセットストアからもアセットコンポーザーからも取り出して組み合わせるようにしました。この時気づいたのは、この仕組みがあれば様々な

On-Chain Splatter

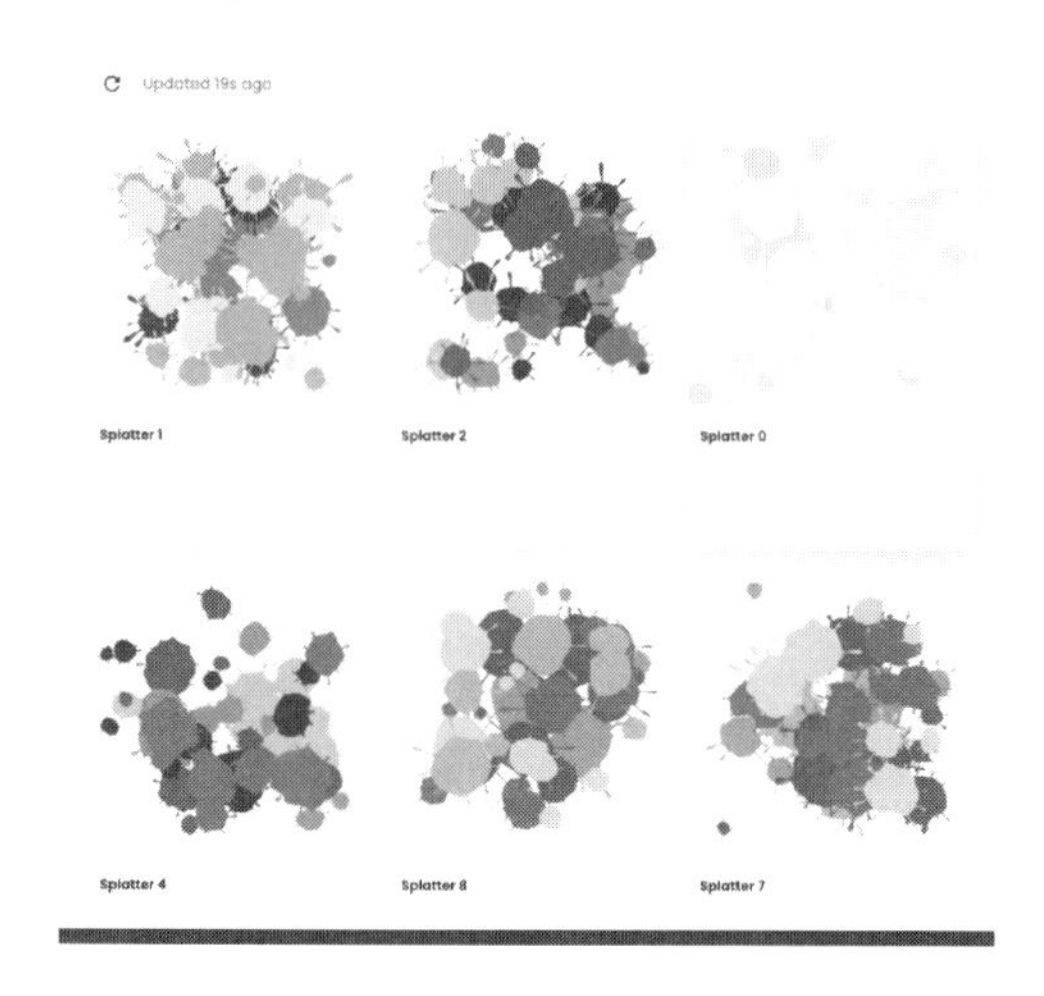

アセットプロバイダーが作れる、ということです。そこでDraw2EarnアプリにNounsのキャラクターを張り付けられるようにできました。

さらにフルオンチェーンなジェネラティブアートを作るムーブメントを作ろうと、まずはOn-chain SplatterというジェネラティブアートをNFTとしてリリースし、オープンソース化して他のエンジニアたちに作り方を伝授することにしました。第二弾としては、アセットストアに置いたビットコインのロゴを活用したジェネラティブアート、On-Chain Bitcoin Art を NFTとしてリリースしました。

この時点までは、Solidity でSVGを直接生成する形で、ジェネラティブアートを作っていましたが、それだとソースコードがとても煩雑になってしまうという欠点がありました。そこで、SVGの生成を容易にするライブラリ（fully_on_chain.sol）を作り、3番目以降はそのライブラリを使ってジェネラティブアートを生成することにしました。当然ですが、これもオープンソースとして公開してあります。

コンテンツビジネスのあり方がWeb3で変わる

Draw2Earn の仕組みを使うことで、コンテンツビジネスは大きく変わる可能性がある、そう私は考えています。
先ほど説明したDraw2Earn のような仕組みを使えば、人気マンガのキャラクターなどもブロックチェーン上に保存することで、二次創作からきちんと収益を上げることが可能になるのです。二次創作、三次創作……とコンテンツが使われれば使われるほど、オリジナルの作者は多くの収益を得ることができますから、オリジナルコンテンツを生み出そうというインセンティブにもなるでしょう。

さらに、Draw2Earnはフルオンチェーン、つまりすべてのデータがブロックチェーン上にあります。サービスを運営する企業がなくても、ブロックチェーンが存続する限り、収益分配のスマートコントラクトは走り続けます。

この仕組みは、絵だけでなく、動画や3Dモデル、音楽などにも応用できるでしょう。3Dモデルや絵を組み合わせて動画を作る。パートごとに様々な音源を組み合わせて曲を作り、それを動画に載せる。そうやって作られた動画が別のところで利用されたら、元素材を作った作者たちに即座に分配される――。そういったことが可能になれば、現在ではまだグレーであるがゆえに、**小さな市場にとどまっている二次創作市場を、莫大な価値を持った一大市場へと変貌を遂げさせることすら可能であると**、私は考えています。

もちろん、現時点でのブロックチェーンにはまだまだ課題が山積しており、上記のようなビジョンが今すぐ実現できるというわけではありません。

しかし、Draw2Earnで示したように、絵について二次創作ができることを多くの人が認識したら、もっと複雑なこと、もっとサイズの大きなデータを扱いたいと考える人も増えてくるはずです。

こうしたモチベーションによって、ブロックチェーンは進化していくことになるはずです。現在でも（ブロックチェーン外の）ＩＰＦＳによって大容量のデータが扱えると主張する人もいるでしょうが、コンテンツの永続性を考えれば、やはりブロックチェーン自体の進化に期待したいところです。

今のイーサリアムは、まだまだ改良の余地があります。たとえば、スマートコントラクトがすべてのマイニングマシン上で実行されるようになっていますが、これは大変な無駄というべきでしょう。一部のマイニングマシン群でスマートコントラクトの実行結果が同じになることさえ確認できれば十分です。

イーサリアムの改良は続くでしょうし、イーサリアム以外にも有望なブロックチェーンが登場してくる可能性は十分にあります。

ブロックチェーン技術が何年後にどう進化していくのかを予想するのは困難ですが、私自身は各時点でのＷｅｂ３アプリケーションで実現できるギリギリを攻め続けることで、多くの人に可能性を知ってもらいたいと思っています。

DAOからDAEへ

Web3に興味を持ってから数か月。Nouns DAOのメンバーとなり、プログラミング言語のSolidityを学び、自らのNFTを発行し、Web3アプリケーションのためのたくさんのコードを書いてきました。

その結果、一つのビジョンが明確に見えてきました。

それを一言で表現するなら、

「Web3の究極の形は、DAOではなく、DAEだ」

ということです。

DAOは、取締役や経営者の代わりにスマートコントラクトがあり、ガバナンス・トークンを持ったDAOメンバーの多数決によって予算配分を行なう組織ということでした。しかし、先に説明したように、DAOも多くの欠点を抱えています。株式会社の仕組みをそっくりそのまま置き換えるものではありませんし、Web3で新しいビジネスを生み出す際の最適解ですらありません。

確かに「最もDAOらしいDAO」であるNouns DAOの運営は今のところうまくいっています。しかし、うまくいっている理由はDAOの仕組みによるものではなく、リーダーシップを持ったファウンダーたちが、膨大な時間をかけてコミュニティを率いているからです。

多くのWeb3スタートアップは「最初は創業メンバーが運営するけれど、最終的にはガバナンス・トークンをユーザーに渡してサービス運営を任せる」と主張します。これが「絵に描いた餅」にすぎないことは明らかでしょう。

Nouns DAOにしても、権力を持つ創業メンバーに気に入られて分け前をもらおうという人々が集まって派閥を形成しているのが現状です。これは、「集合知」を発揮した組織運営とはほど遠い状況ではないでしょうか。

スマートコントラクトによって予算配分を自動的に行なうということに関してDAOは画期的ですが、ガバナンス・トークンを持った人間の多数決で物事が決まるということが、Web3の素晴らしさを帳消しにしています。

そこで、私が提案したいのは、DAOから「Organization」(組織)を排除し、スマートコントラクトによりすべてを非中央集権化・自動化するということ。名付けて、**"Decentralized Autonomous Ecosystem"(DAE:非中央集権型自律システム)**です。

このDAEの世界で最初の例こそが、先に紹介した「Draw2Earn」ということになります。

DAEの中心にはユーザーやクリエーターが作った作品を格納するアセットストアがあり、その周辺にはDraw2Earnアプリ向けに素材(ベクトルデータ)を提供する複数のスマートコントラクト(アセットプロバイダー群)や、それらを動的に組み合わせるアセットコンポーザーがあり、それらのスマートコントラクトが連動することによって、まったく新しい自律型の経済圏(エコシステム)[7]を構築することが可能です(次ページ図参照)。

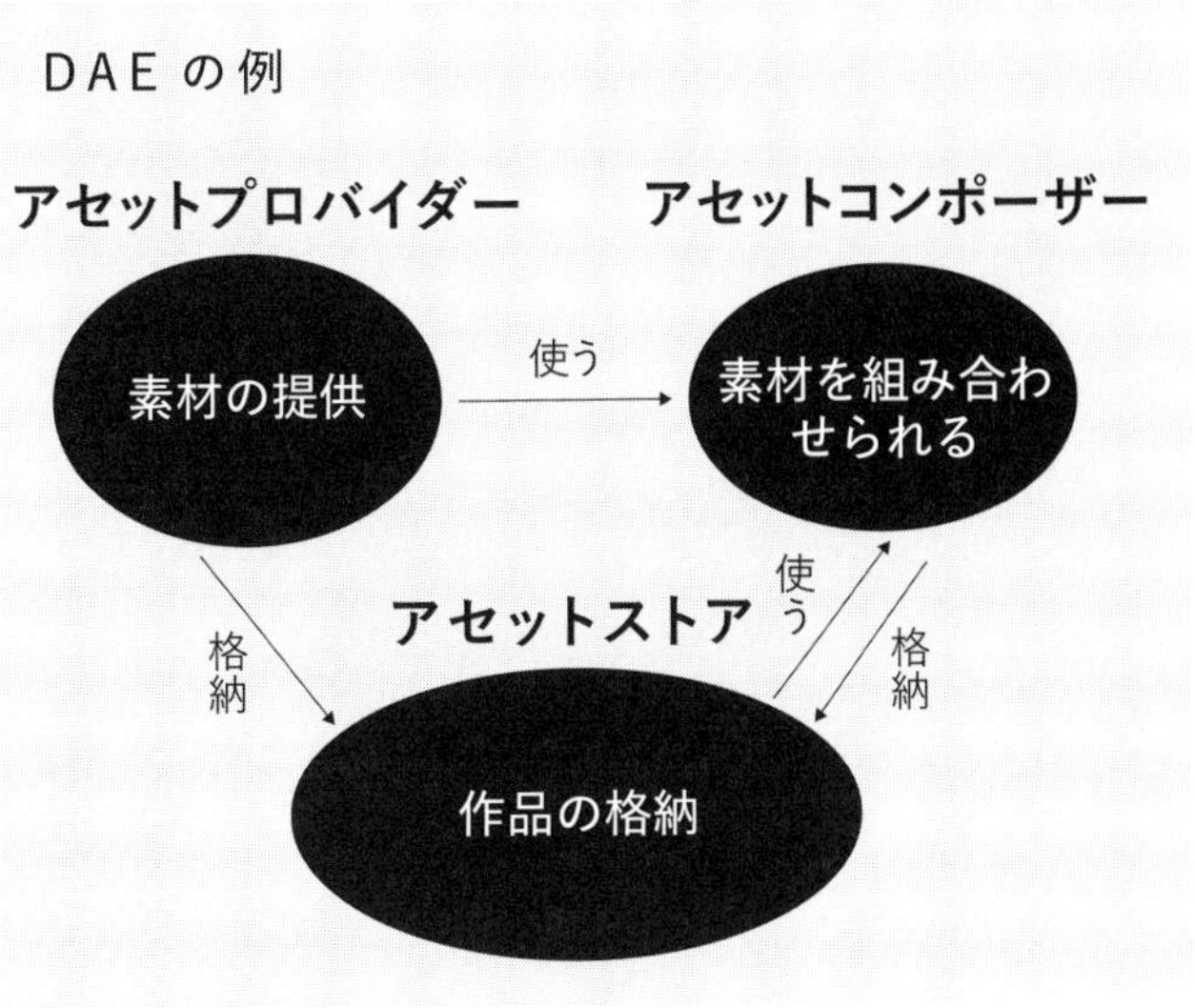

DAEの例

Draw2Earnでも説明したように、DAEでは売上を分配するための組織が不要です。

ロイヤリティ分配のルールは、スマートコントラクトに書かれていて誰でも確認できます。アセットコンポーザーのスマートコントラクトに書かれたルールが妥当だと思った開発者は、自分でアセットプロバイダーを開発して、経済圏に参加すればよいのです。

ブロックチェーン上のスマートコントラクトが自律的に動いて価値を提供し、お金も稼いでくれる。

7 もとは生物や植物について生態系という意味で使われる言葉。ビジネス用語としては、それぞれの企業が持つ強みを生かしながら収益を上げて共存共栄を図る構造このような経済圏がいくつも立ち上がって社会を回すようになっていけば、Ｗｅｂ３によるネットワーク国家も夢物語とはいえなくなっていくでしょう。

第4章

Web3の未来に向けて私たちが考えるべきこと

世の中にうまい儲け話などない

モノやサービスが世の中に広がる時、必ずそこには人間の強い欲望を刺激する仕組みが潜んでいます。

1970年代後半から80年代にかけて家庭用ビデオテープレコーダーのシェア争いで、VHS方式がベータマックス方式に勝利した一因が、アダルトビデオのラインナップ充実度の違いだったというのはよく知られた話です。

ウェブの黎明期、Web1・0の普及の一因となったのも、やはりアダルトコンテンツでしょう。アダルトサイトを見たいがために、頑張ってパソコンを買って、ネットにつなげた人も少なくなかったのです。Web2・0についていえば、隆盛の理由をすべてアダルトコンテンツのせいにするわけではありませんが、強い影響力があったと思われます。特にWeb2・0ではSNSが登場したことで、ネットは男女の出会いの場として重要な役割を担うことになりました。

極論すれば、Ｗｅｂ１・０とＷｅｂ２・０は性欲によって駆動されていたともいえるものなのです。

では、Ｗｅｂ３はどうでしょうか。

２００９年にビットコインがローンチした後、次々と暗号資産が登場しましたが、その人気を支えたのは投機でした。将来の値上がり期待から、単なる台帳のデータに大量のお金が流れ込みました。

ＮＦＴについてはデジタルアートやゲームなどで２０１７年頃から注目を集めるようになり、暗号資産と同様、投機的な関心の対象となっていきます。

今のＷｅｂ３業界を駆動しているのは、金銭欲といいきってもいいでしょう。

Ｗｅｂ３業界でインフルエンサーとして影響力を持っている人たちのほとんどは、早い段階で暗号資産やＮＦＴで儲けた「先行者」です。彼らが語る「Ｗｅｂ３で儲ける方法」の99％は、自身がすでに保有している資産の値上がりを狙ったポジショントークにすぎません。

過熱するＷｅｂ３業界では、詐欺や不正な事件も相次いで起こっています。

ブロックチェーンを使ったＮＦＴでは、そのＮＦＴの保有者が誰であるかと、そのトークンが唯一のものであることは保証されます。しかし、そのトークンが示すデータが「本物」であることは保証されないのです。そのため、有名なアーティストの作品をもとに無断でＮＦＴを作って販売するという事件が後を絶ちません。

大手企業であっても、Ｗｅｂ３とはとてもいえない不誠実なサービスを提供しているケースはよく見られます。

あるＮＦＴマーケットプレイスでは、その運営企業自身がすべてのＮＦＴを発行し、ユーザーが購入したＮＦＴはプライベートなブロックチェーン[1]で管理。発行したＮＦＴに著作権などの問題が起こった時は、クリエイターを保護するために運営企業が消去できることを売りにしているのですが、到底Ｗｅｂ３とはいえません。この運営企業が事業から撤退を決めた途端にユーザーの購入したＮＦＴは世の中から消えてしまうわけで、こんなプライベートブロックチェーンには何の意味もありません。企業がプライベートに管理するものであれば、何もブロックチェーンである必要はなく、従来型のデータベースを使うべきです。

アメリカでは２０２２年夏頃から、日本でも２０２２年10月頃からＮＦＴ取引が急激に落ち込んでおり、Ｗｅｂ３が冬の時代に入ったというのは確かでしょう。

汚いビジネスは永遠には続きません。一部の人間が人為的なバブルを作り出した結果、多くのトークンの価値が下がり、みんな損をしてしまった。その結果、新たなお金が流れ込まなくなってきたということです。


この本やその他のメディアでＷｅｂ３に興味を持った方に、理解していただきたいことがあります。それは、ブロックチェーンやスマートコントラクトの仕組み以前に、**「世の中にうまい儲け話などない」**ということ。

「今すぐ買えば必ず儲かる」「遊んでいるだけで楽に稼げる」「年利40パーセントの配当がある」……。

誰かがそう言っているのを聞いたら、まず疑ってかかりましょう。

Ｗｅｂ３に限らず、世の中に楽して儲けられるものなどありません。楽して儲けようと思った途端、あなたは怪しい商売に引っかかる瀬戸際にいます。ネズミ講や原野商法、疑似科学のインチキ商品など、昔からある商売とまったく変わりません。冷静になって考えてみれば、先行者利益があるような商売がまともなはずはないのですが、儲け話に目がくらんでしまうとそれがわからなくなってしまいます。

そもそも本当によいサービスや製品なのであれば、焦って飛びつかなくても、いずれ必ず恩恵は得られます。インターネットやスマホの恩恵は、私たち全員が得ているわけですから。

なぜ先行者は儲かるのか。どこからお金が流れ込んでいるのか。このビジネスモデルだと、ここからお金が入ってここで出ていくから、マイナスサムになるはずではないか。

そういう感覚を普段から養って欲しいとは思いますが、ソーシャルゲームのガチャやパチンコなど、情報弱者を狙った悪質な商売が後を絶たないのが社会の現実でもあります。

悪質な商売に引っかからないように人々にわかりやすく伝えるにはどうすればいいのか。弱者にとっても温かい社会を作るにはどうすればいいのか。常々、私も考えてはいますがまだ答えを出せていません。これらの課題を解決するのは難しいことですが、**少なくともエンジニアは、社会課題を解決するためにこそテクノロジーはあると**

いう意識を持つべきでしょう。

いずれにせよ、「Ｗｅｂ３の冬」は多くの消費者がＷｅｂ３の問題点に気づいたからこそ起こった現象であり、それ自体はよいことだと思います。

世間的な熱狂が冷めたことは、真面目にＷｅｂ３に取り組んでいるエンジニアやＮＰＯにとってむしろ追い風でしょう。イーサリアムなど暗号資産の価格やガス代も値下がりしましたから、実験的な取り組みを行ないやすくなりました。

インターネットが今のように普及するまでにも、何度かの冬がありました。最大の冬は、１９９９年から２００１年にかけて起こったドットコムバブル崩壊です。この頃にはたくさんのインターネット関連スタートアップ企業が生まれては淘汰されていきましたが、グーグルやアマゾンは生き延びて価値あるビジネスを生み出し、やがて本当のインターネットの波が世界に訪れました。

Ｗｅｂ３も、本格的に花開くまでにこれから何度かの冬を迎えることになるはずです。厳しい冬を抜けて、本当の波を起こすには価値あるサービスを生み出すことが必要です。だからこそ、私は怪しい暗号資産やＮＦＴを発行して儲ける安易なビジネスには手を出さず、Ｗｅｂ３の本質を活かした仕組み作りに取り組んでいます。

目の前のお金のためではなく、社会にとって意義のある活動を

楽な儲け話はないと理解したところで、Ｗｅｂ３にどうやって向き合えばよいのでしょうか。

安易な金儲けのためでなく、技術を知るためにＷｅｂ３に触れておくことは別に悪いことではありません。

暗号資産取引所に口座を開いて、暗号資産を買ってみる。MetaMaskなどのウォレットに暗号資産を送金してみる。ＮＦＴマーケットプレイスを覗いてみる――。気になるＮＦＴがあるのなら買ってみても楽しいでしょうし、やってみたいＷｅｂ３ゲームがあるのであればプレイしてみればよいでしょう。

X2Earnゲームのポンジスキームについては第2章で説明した通りですが、ゲーム自体を面白いと思ってプレイしている分には、従来型のゲームアプリと同じことです。当然、ソーシャルゲームのガチャと同じく、射幸心を煽るような仕組みは入っていますから、その点について用心は必要ですが。

ＤＡＯについても、活動内容に興味を持てるのであれば参加すればよいと思いま

す。評判のよいＤＡＯがあれば、メンバーがツイッターアカウントでどのような発言をしているのか、Discordコミュニティでどんなやりとりが行なわれているのかなどをまず調べるようにしましょう。創業メンバーや初期から参加しているメンバーがいかに儲けたかを自慢しているようなら、避けるのが無難です。あくまで、ビジョンに共感できるか、創業メンバーが真摯に活動しているかを見て選んでください。

私の場合は、知り合いからＮｏｕｎｓ ＤＡＯの評判を聞いた後、コミュニティでのやりとりなどを見聞きして信頼できると判断しました。ＮＦＴ保有者にリターンを渡すことを目的としていない非営利的な団体であり、プロセスに参加すること自体を価値としていたからです。

ＤＡＯの問題点についても説明しましたが、Ｎｏｕｎｓ ＤＡＯでの活動は刺激的で、多くの学びがありました。

Ｎｏｕｎｓ ＤＡＯメンバーになって私が取り組んだのは、オンライン映画祭の開催でした。

実をいうと、私はＮｏｕｎｓ ＤＡＯに参加する何年も前から新しい形の映画祭が必要だと考えていました。きっかけとなったのが、P&Gがソチオリンピック向けに作った"Thank You Mam"というビデオです。わずか2分強の映像ですが、母親の素晴らしさ、スポーツの素晴らしさが伝わってくる見事な作品でした。こうした短尺でメッセージ性が強い作品を表彰する映画祭を開催したい。すべてはオンラインで行ない、世界中の誰もがクリエイターや審査員として参加できる、オープンな仕組みにしたい。構想自体はできていましたが、私一人でローンチしても成功は見込めません。特に、マーケティング面で協力してくれるパートナーが必要だと考えていました。

ならばNouns DAOをパートナーとして、賞金の提供、マーケティング面での協力をお願いすればよいのではないか。

Nouns DAOから賞金のためのお金を引き出すには、プロポーザル（提案書）を書いて投票にかけ、メンバーに承認してもらう必要があります。しかし、Nouns DAOのメンバーになったばかりの私は実績が一切ありませんから、メンバーを説得するのは容易ではないと覚悟していました。

そんな時、たまたまNouns DAOの既存メンバーから連絡があったので、私のアイデアを話してみました。すると、Nouns DAOには"Small Grant"という少額予算を分配する仕組みがあるので、まずはこれを使って実績を作るのがいい、このメンバーはそうアドバイスしてくれました。

結果、５イーサ（予算が付いた時点の為替で約１６５万円）と少額ではありますが予算が付きましたから、"Nouns Art Festival" という名前のプロジェクトを立ち上げ、その映画祭専用の "nounsfes.org" と "nounsfes.com" のドメインも取得しました。

次に行なったのが、ＮＦＴコレクション発行による資金調達です。予算は付きましたが、映画祭をより魅力的にするため、賞金は多いに越したことはありません。さらにNouns Art Festival では、ＮＦＴ保有者全員に審査員をしてもらおうとも考えました。

〝Ｎａｍｅｄ Ｎｏｕｎ〟と名付けた、20個のトークンからなるＮＦＴコレクションをＯｐｅｎＳｅａでミント、販売を開始。ツイッターで告知したところ、すべてのトークンに買い手がつき、最安値が０・０５５イーサ、最高値が０・２イーサ、一つあたりの平均は約０・１イーサ、合計で（ＯｐｅｎＳｅａの手数料を除いて）１・93イーサ（約60万円）の売上になりました。さらに、有名人の名前を冠した別のＮＦＴも販売したところ、こちらもすべて買い手がつき、売上は全部で７イーサ（約１８５万円）となりました。

Nouns Art Festival

https://nounsfes.org/ja/

上記NFTの売上はすべてNouns Art Festival の賞金に使いますから私には一銭も入りませんが、DAOとNFTの可能性を実感する初めての機会になりました。

かつてないチャンスがやって来た

Web3はまだまだ黎明期であり、役に立つとか便利とか、そういった価値を提供するまでには至っていません。

しかし、ソフトウェアエンジニアにとって、Web3は見逃せないチャンスです。

まず、ものすごくベタな話にはな

りますが、Ｗｅｂ３のソフトウェアエンジニアは高額報酬を稼ぐことができます。
私がＷｅｂ３について本腰を入れて学び始めたのは、２０２２年2月頃のこと。Ｎｏｕｎｓ ＤＡＯに参加し、学習サイト「クリプトゾンビ」で、プログラミング言語Solidityを学び始めました。その後は第3章で述べたように、自分でもＮＦＴを発行したり、フルオンチェーンでコンテンツを流通させるための仕組みを開発するようになりました。Solidityを使いこなして、Ｄａｐｐｓ（Ｗｅｂ３アプリケーション）を思い通りに作れるようになるまで、数か月といったところでしょうか。ただし、別の仕事をやりながらの数か月ではなく、Ｗｅｂ３だけに専念した数か月ですが。

Ｗｅｂ３は冬の時代に入っていますが、それでもSolidityを使えるエンジニアには希少価値があり、引く手あまたです。２０２２年夏時点での話ですが、SolidityでＷｅｂ３アプリケーションをさくさく作れるエンジニアなら、だいたい基本給15万ドル＋ストックオプション＋その企業が発行するトークンといった条件のオファーがありました。ちなみに、これは実際に私のところにスタートアップ企業から送られてきたオファーです。２０２２年には急速に円安が進みましたが、優秀なエンジニアなら日本にいながらにして米国のＷｅｂ３スタートアップ企業の仕事をして高給を稼ぐことができます。また、今後は日本でもＷｅｂ３を手がける企業は増えてくるでしょう。

ただ、いずれの場合にも、その企業のビジネスモデルがポンジスキームになっていないかについては、確認しておくことが重要です。

私が日本企業について懸念していることの一つは、Ｗｅｂ３ゲームです。第２章では、ＳＴＥＰＮやAxie Infinityのビジネスモデルについて解説しましたが、すでに何社かが同様のＷｅｂ３のゲーム開発に乗り出しています。法的な整備がきちんとなされないと、「遊んで稼ぐこと」に主眼を置いたゲームが数多く作られてしまうのではないかと懸念しています。日本におけるゲーム関連のスタートアップ企業は、面白いゲームを提供することよりも、ガチャなどの「儲かるゲーム」で荒稼ぎしようとする傾向があります。ソーシャルゲームのノウハウを蓄積してきた企業にとって、情報弱者から搾取するX2Earnゲームは麻薬のような魅力を持っているのです。

企業に雇用される、企業から受託する以外に、フリーランスのＷｅｂ３エンジニアとして、ＤＡＯやＮＦＴのローンチにかかわるというやり方もあります。報酬としてトークンを入手して稼ぐわけですが、このやり方はすぐに現金が入ってきませんし、プロジェクトが成功しなければ一銭にもなりません。かなりのリスクがありますから、副業としてはともかく、専業にするのはやめておいたほうがよいでしょう。

他にも、法律や会計・税務の知識とWeb3プログラミングを組み合わせた働き方も考えられます。弁護士が契約書をチェックしたり、会計士が帳簿をチェックしたりするのと同様、Web3エンジニアがDAOやNFTのスマートコントラクトのチェックを行なうビジネスは今後注目されるようになっていくと思われます。

日本のIT産業は、なぜGAFAMに勝てないのか

Web3に興味を持ったソフトウェアエンジニア、あるいはソフトウェアエンジニアを目指している人は、ぜひ自分で手を動かしてコードを書いていただきたいと思います。

ここで、コードを書くことの重要性について再度強調しておくことにしましょう。

ソフトウェアエンジニア自身がコードを書くかどうか。このことがアメリカと日本のIT産業の明暗を分けた、私はそう考えています。

ゲームを除き、日本のIT産業は世界ではまったく存在感を示せていません。

かつて任天堂、ソニー、セガの3社は、世界のゲーム市場を席巻していました。この3社は世界市場に向けたゲーム機器を開発・販売し、日本国内でもゲームを作るソフトウェア企業が成長してきました。また、モバイルゲームでまだ頑張っている日本企業がいるのは、ドコモが世界に先駆けてiモードという「ネットにつながる携帯電

話」のプラットフォームを作ったからといえるでしょう。日本発のプラットフォームがあったからこそ、その上にソフトウェアビジネスが花開くことになりました。たくさんの小さなスタートアップがゲーム好きの開発者を集め、プラットフォーム上で小規模な開発を行なってきたことが、ゲームビジネスの隆盛につながったのです。

一方、現在ゲーム以外のプラットフォームはすべてグーグル、アップル、マイクロソフト、アマゾンなどのビッグテックに握られています。

なぜこうなったのでしょうか。

それは、国際的に競争力のある、魅力的なソフトウェアプラットフォームを日本のＩＴ業界が作れないでいるからです。

日本では、ほとんどのソフトウェアが顧客からの注文による「受託型」で作られています。家電メーカーなどについても例外ではありません。大手メーカーは毎年大量に理系の学生を採用していますが、日本のメーカーに勤めている限り、ソフトウェアエンジニアとしてのキャリアを積むことはできない仕組みになっています。たとえソフトウェア部門に配属されたとしても、数年すればプロダクトマネージャーとして仕様書作成や外注管理をすることが主な仕事になります。日本の大企業では、ゼネラリストとして管理職に就くしか出世の道はありません。

こうした企業からソフトウェア開発を受注する企業（プライムベンダー）にも、プログラムを書けるソフトウェアエンジニアはあまりいません。ＮＴＴデータなどのプライムベンダーも大手メーカーと同様に理系学生を採用していますが、出世するにはやはり管理職になるしかありません。


そんな状況でどんなことが起こるかというと、二つあります。

まず、プライムベンダーの社員は、顧客から要望を聞いて仕様書だけ作り、下請け企業に丸投げします（プライムベンダーは、建設業になぞらえて「ＩＴゼネコン」とも呼ばれます）。

私が大学卒業後に仕事をしていたＮＴＴもそうでした。ＮＴＴの研究者がものすごく丁寧なフローチャート[2]を描き、それを下請けに出すとコードが上がってくる。しかし、実際にプログラムを作ったことのある人ならわかりますが、紙の上で設計したところでプログラムは絶対にその通りには動きません。大まかに仕様を設計したら、何度も作っては直しのフィードバックを行ない、仕様変更を何度も行なう必要があります。

しかも、NTTと下請けでは歴然とした上下関係があり、下請けが設計に文句を付けることなどできません。こんなことをしていては、プログラム開発の効率も品質も上がるはずがないのです。日本の大手IT企業はいまだにこうした状況から抜け出せていないように見えます。

一方、下請け企業のエンジニアの質にも問題はあります。日本だと優秀な理系学生の多くは、知名度の高いメーカーやプライムベンダーで働きたがり、下請け企業は優秀なソフトウェアエンジニアをなかなか採用できません。さらに、下請け企業への仕事量は変動が大きく、あまり正社員を抱えられない構造になっています。結果として、プログラミングが好きでも得意でもない人が、ソフトウェアのアーキテクチャ（基本設計）を理解しないまま、仕様書通りにプログラムを書くというとんでもないことが起こっています。

これに対して、アメリカのビッグテックは、コンピュータサイエンスの修士号、博士号を持った優秀な人材を高給で雇っています。こうしたソフトウェアエンジニアは、喜々としてプログラムのコードを書き、日々新しい革新的なソフトウェアを生み出し続けています。そうして作られたソフトウェアは様々な分野にイノベーションを起こし、ビッグテックのプラットフォーム化を強力に推し進めていきました。もちろん、アメリカでも受託型のソフトウェア開発企業はありますが、そうした企業であってもソフトウェアエンジニアを自社で雇用してコードを書かせています。さらに、近年ではウォルマートのように、ソフトウェアエンジニアを雇って自社のシステムを内製する企業も増えてきました。

ITサービスを事業として展開しているかどうかとは関係なく、ソフトウェアは企業競争力の源泉なのです。

イノベーションは、コードから生まれる

日本企業の「正社員は仕様書の作成とプロジェクト管理」「プログラミングは下請けと派遣」というゼネコンスタイルの開発体制から、よいソフトウェアは生まれてきません。自分で料理を作ったこともない「なんちゃってシェフ」の机上レシピにした

がって、最低賃金のアルバイトやパートの人たちが料理を作っているようなものです。アメリカのビッグテックは、自分で料理を作る一流シェフを数千人単位で雇っているわけですから勝負になりません。

最近では、「アジャイル型開発」を取り入れる企業が増えてきたので、これによって日本企業のソフトウェア開発も変わると思われている方もいるでしょう。アジャイル型開発というのは、最初から厳密な仕様は決めず、細かい単位で開発を行ないながら実装とテストを繰り返す開発スタイルを指します。しかし、ソフトウェアを多重下請けする構造が残っている限り、日本のIT業界の作るソフトウェアは世界で通用しませんし、社会のデジタル化が進展することもないでしょう。

「イノベーション」という言葉を口にする企業経営者は多いのですが、**イノベーションは経営者が計画した通りには起こらないのです。**

これを象徴するのが、マイクロソフトとアップルにおける次世代OS開発の失敗です。

私の経験を振り返ってお話ししたいと思います。

WindowsOSが世の中に普及するきっかけとなったWindows95を作ったのは「Chicago」というコードネームで呼ばれていた開発チームでしたが、実際に当時次世代OSを作るために予算を付けられて動いていたのは、「Cairo」という開発チームでした。

私がマイクロソフトの米国本社で働くようになってまず最初に配属されたのは、この「Cairo」の前身となるチームだったのです。

チームメンバーは5人ほどなのですが、とにかくディスカッションが多いのに辟易しました。オブジェクト指向[3]とは何ぞやとか、画面に表示されているアイコンは実体なのかそれとも仮想のものか、といった抽象的で禅問答のようなディスカッションが延々と続くのです。

あとでわかったことですが、チームメンバーもオブジェクト指向OSが何なのか、よく理解していなかったそうです。ファイルなどの操作対象（オブジェクト）をアイコンで表示するOSならば、オブジェクト指向プログラミングと相性がよさそうだというくらいの意味で使っていたにすぎませんでした。

私の英語がまだ拙くてディスカッションの内容についていけなかったということも

ありますし、まずコードを書かないと気が済まないということもあって、上司にプロトタイプ（技術の検証などに使う試作品のプログラム）を作ると申し出ました。この基礎研究チームはなかなか具体的なアウトプットを出せずにいましたから、プロトタイプ作りは上司も大歓迎です。

プロトタイプの開発には、OS／2[4]上で動くSmalltalkというプログラミング環境を選びました。デスクトップ上に置かれた書類のアイコンをドラッグして、プリンタのアイコンにドロップすると印刷ができる「ドラッグ&ドロップ」。書類のアイコンを右クリックすると、メニュー（コンテキストメニュー）が開いて、いろんな処理を選択できる。現在のWindowsやmacOSでは当たり前の機能を初めて搭載したデモンストレーションプログラムを、私は4か月ほどで完成させました。[5]

デモンストレーションプログラムの反響は凄いものでした。

3　オブジェクト指向というのはプログラミングにおける考え方の1つで、プログラムを機能ごとに部品化し、開発や保守の効率を上げようというもの。90年代前半からオブジェクト指向的な考え方を取り入れたプログラミング言語が流行していた

4　1987年にIBMとマイクロソフトが開発したパソコン用OS

5　ちなみにその時点でのWindowsの最新OSはWindows3.0。Windowsに「ドラッグ&ドロップ」や現在の形での「右クリック」の機能が実装されたのは、その後のWindows95以降から

マイクロソフトはこれを一般のプログラマー向けイベントである1991年のPDC（Professional Developers Conference：プロフェッショナル開発者会議）で次世代OSとして、私に大々的に披露させたのです。コンテキストメニューなどのユーザーインターフェイスがどうあるべきかを見せたことで、次世代OSのイメージをしっかり関係者に伝えることができました。

拍手喝采する観客の反応を見て、私は「これはいける」という感触を得ました。ソフトウェア開発で一番難しいのは、何を作ればいいのかを見つけることです。何を作ればいいのかさえわかっていれば、あとは実装です。オブジェクト指向OSチームメンバーの力を借りれば、1年もあれば製品化できると私は考えていました。

しかし、物事はそう単純には進みません。

マイクロソフト社内では度重なる組織替えが行なわれ、私は数か月の間宙ぶらりんな状態に置かれました。その後、オブジェクト指向OSチームは再度組織替えされ、真の次世代OSを目指すCairoと名付けられたプロジェクトが立ち上がり、私もそこに移籍することになりました。研究段階だった次世代OSがいよいよ製品開発のフェーズに移行することになったのです。

さっそく、Smalltalkで私が作ったプロトタイプを元に、メンバーとともに実装に取りかかりました。プロトタイプの実績が認められていましたから、私が実質的なソフトウェアアーキテクトとして設計から実装までのリーダーシップをとることになりました。

当初30人程度だったCairoプロジェクトは副社長だったジム・オルチンの下、100人の大所帯に膨れあがりました。

ところが、ここからCairoプロジェクトは迷走を始めます。OS開発では、ソフトウェアの設計思想の全体の方向性を考える職にあるソフトウェアアーキテクトがOSのアーキテクチャ（論理的な構造）を設計します。チームでは私が実質的なアーキテクトを勤めていましたが、Cairoプロジェクトにはユーザーインターフェイスの研究者が多数参加し、誰がアーキテクトとして責任を持つのかが曖昧になってきてしまいました。その結果、私も含めて10人のソフトウェアアーキテクトからなる委員会が作られ、毎日午前中に2時間に及ぶディスカッションが行われることになりました。午後は、翌日のディスカッションのための準備をするという具合で、プログラミングをする時間がとれません。

Cairoプロジェクトがいつまでも終わらないディスカッションを続けている間、

Windows 3.xチームはWindows 3.1を世に送り出しました。さらに、Windows 3.xチームはWindows 3.1とCairoの間を埋める「Chicago」というOSを開発するというのです。

この時にはもう1992年になっていました。Cairoは1994年に発売が予定されていましたが、こんな膨大な仕様書に基づいて開発していたら、絶対に1994年の発売は不可能だ。そう私は主張し、ジム・オルチンとケンカになってしまいました。アメリカに来てもう2年以上。私はとにかく形になった製品を世に出したかったのです。その足でWindows 3.1を手がけていたデビッド・コールのところへ行き、「Cairoプロジェクトには付き合っていられないから、Windows 3.1の次バージョンChicagoを手伝わせてくれ」と直談判しました。マイクロソフトには「本人が希望し、受け入れ先の上司が承認すれば、今の仕事の引き継ぎに支障がない限りグループを移ることができる」という社内ポリシーが存在していたためです。

この時、マイクロソフトはCairoプロジェクトに本腰を入れており、Chicagoプロジェクトはあくまで中継ぎとしてそれほど重視していませんでした。チームも小さく、全部でせいぜい40人といったところだったでしょうか。

Cairoプロジェクトの影に隠れていたChicagoプロジェクトでしたが、私にとってはあまりに素晴らしいチームでした。

Chicagoプロジェクトの中で私が担当することになったのは、「シェル」[6]と呼ばれる、OSにインストールされたアプリケーションを起動したり、ファイルを管理してドラッグ&ドロップなどの処理を行なったりする、ユーザーとコンピュータの間を取り持つ、いわばユーザーインターフェイスを司る部分のプログラムです。

シェルチームのメンバーは5人ほどですが、みな気さくで、初日から「このあたりを担当して。何でも好きなようにしていいから」と言われました。厳密な仕様書もなく、一応仕様を相談する担当者はいましたが、本当に好きにプログラムを書いていいのです。合議制でアーキテクチャを決めようとしていたCairoと異なり、Chicagoでは実際にコーディングを行うプログラマーが、担当部分のアーキテクトにもなるのです。

そこで私は、Windows 3.1で使い勝手の悪かった部分を根本的に作り直すことにし

6　OSの中でもユーザーの操作を受け付けてOSや他のソフトウェアに指示を出したり、OSやソフトウェアからの出力を表示したりする部分

ました。

現在のWindowsでは、ファイルを操作する作業も、アプリケーションを起動する作業も、すべてシームレスにつながっています。どこかのフォルダに入っているファイルを別のフォルダに移してもよいしデスクトップに置いてもいい。ところがWindows3.1では、「アプリケーションを起動するのはプログラムマネージャー」、「ファイルを操作するのはファイルマネージャー」という具合に、そのつど別のプログラムを立ち上げて操作する必要がありました。これらのプログラムが1つに統合されていれば使い勝手は格段によくなるはずです。シェルチームのメンバーも同じ問題意識を持っていましたから、私の提案は歓迎されました。この時、Chicagoつまり後のWindows95において、最も重要となる機能、デスクトップ画面とファイルの操作を行なう「エクスプローラ」のアーキテクチャを決める権限が、私に与えられたのです。

その後、デモで見せたコンテキストメニューなどを実現するに留まらず、もっと面白いアイデアが浮かんできました。ファイルやフォルダだけでなく、コントロールパネル内のアイコンやネットワークにつながった他のパソコン、さらにはインストールしたアプリケーションが管理するデータベースなど、Windows上のあらゆるリソースに、エクスプローラからアクセスできるようにしたらもっと使いやすくなるはずだと考え、それも実装しました。

1995年、次世代OSを巡ってCairoとChicagoがビル・ゲイツに向けてプレゼンをする場が設けられました。Cairoチームは分厚い資料を作り自分たちの優位性を主張しましたが、私は、「完璧なアーキテクチャを追い求めていては、永遠にものは出せません。Windows95のリリースはあと6か月に迫っています」と次世代OSのベータ版の入ったCD-ROMを見せました。その後、ビル・ゲイツが下した判断は「Cairoプロジェクトはキャンセルする」というものでした。

4年にわたって莫大な費用を投じ、4000人の大所帯にまでなっていたCairoチームの次世代OS開発プロジェクトの解散が決められた瞬間でした。そして、私たちChicagoチームが進めていたOSこそが、後にWindows95として世界を席巻することになったのです。

議論を重ねて完璧な設計書を作り計画通りに開発しようとした大規模なチームではなく、個人個人が「こうすればもっと使いやすくなる」という自由な発想を重視し、手を動かしながら開発していった小規模のチームの製品がリリースされることになったのです。

同様のことはアップルでも起こっていました。1990年代、古い仕様のOSではハードウェアの性能を活かせず、動作も不安定であることを認識していたアップルの経営陣は次世代OSの開発をスタートさせます。しかし、OSの仕様はひたすら巨大化し続けて、開発は停滞。最終的にアップルは、アップルの取締役会が1985年に追い出したスティーブ・ジョブズ率いるNeXT社を買収し、同社のNeXTSTEPを次世代OSのベースとして採用することになります。現在のmacOS、iOS、iPadOSはすべてNeXTSTEPの末裔です。

マイクロソフトとアップル、どちらのケースでも次世代OSを開発することになったのは、本流ではない部隊でした。

きちんと仕様書を作って、たくさんのエンジニアを投入すれば、経営陣が望む通りにイノベーティブなソフトウェアが完成する……というわけにはいきません。

机上で設計をしたところで、ソフトウェアは絶対にその通りには動きません。こうすればうまくいくんじゃないか、こうすれば面白いんじゃないか。そう思ったエンジニアがコードを書いて試行錯誤する。個々のエンジニアが起こす小さなイノベーションが、企業によって上手に引き出された時、世界を変えるような大きなイノベーションにつながっていくのです。

手を動かす人だけが見えること

私自身、ソフトウェアエンジニアとして常に手を動かしてコードを書き続けてきました。

特に黎明期にある分野では、このアプローチは極めて有効です。

高校生の時に、ワンボードマイコンのTK-80[7]向けにGAMEコンパイラ[8]を開発した時は、定石など何も知りませんでしたが、結果的にコンパイラの基本原理を誰よりも深く学ぶことができました。ただ論文を読むのと、実際にコードを書くのではまったく理解度が違ってきます。

大学時代にPC-9801[9]向けのCADソフト、CANDYを開発した時は、それまでに直線を素早く描画する方法を試していたことが役に立ちました。直線を高速に描画するノウハウを持っていたからこそ、それを活かせるCADソフトという発想にたどり着くことができたのです。

その後マイクロソフトでWindowsの仕事をした時も、まだ仕様が固まっていない段階で開発に参加できたことは幸運でした。どんなユーザーインターフェイスがよいのか、議論をするだけではなく、実際に動くプロトタイプをまず作ってみせる。アイコンを右クリックすると操作できるメニューが表示される「右クリックメニュー（コンテキストメニュー）」も、Windows 95の時に私が開発したものですが、一目見ただけで「これはすごい」と人に思わせることができれば、主導権を握れます。そうなればしめたもので、製品戦略に自分のアイデアを強引に組み込むことだってできるわけです。

インターネットに関しても、まず自分でサーバーソフトウェア[10]を書いたことは、後々大きなアドバンテージとなりました。技術がまだシンプルな黎明期の段階で、とにかくコードを書いて、動くソフトウェアを作ってみる。そうすることで、後から出てくる技術にキャッチアップすることも容易になります。

7 むき出し基盤に、最低限の入出力装置だけ付いたコンピュータのこと。現在のパソコンのような、キーボードや画像表示できるディスプレイ、記憶装置なども付いていない。TK-80はその一つ
8 コンパイラは機械語と人間が理解できるプログラムの翻訳をするプログラム。GAMEはパソコンが登場する前の時代に使われたプログラミング言語。285ページ参照
9 NECのパソコン、PC-9800シリーズの初代機
10 ネットワーク上で他のコンピュータからの要求で処理を提供するソフトウェアのこと

こうしたアプローチは、Ｗｅｂ３でもそのまま活きています。

第３章では、Draw2EarnのＷｅｂ３アプリケーションやＤＡＥの構想を紹介しましたが、いきなりそのアイデアにたどり着いたわけではありません。

フルオンチェーンのジェネラティブアートＮＦＴを発行したり、家紋などのベクトルデータをブロックチェーンに載せる試みを行なっている過程で、思い付いたアイデアです。

これがまさに「手を動かしてこそイノベーションが起こせる」という典型的な例ではないでしょうか。「上流の人が仕様書・設計書を書いて、下流の人が実装する」というゼネコンスタイルでは、この手のイノベーションは決して起こりません。

「市場調査をして、消費者のニーズや市場規模を把握してから開発する」というアプローチも、Ｗｅｂ３の最前線では通用しません。そもそも、「フルオンチェーンＮＦＴのほうが永続性があってはるかによい」ことに気が付いている消費者がほとんどいない今の段階で、「フルオンチェーンＮＦＴへのニーズ」などほとんど存在しないのです。だったら、それを生み出すことのできるエンジニアが、実際にそういったものを作成してローンチすることで、世の中に広めていくしかないのです。

ここから、今までの私の経験を振り返りながら、これから技術開発の仕事をしていきたい方、また新しい技術に関する仕事をしたい方に向けて、こうした時代に生きるヒントを伝えていきたいと思います。

コンピュータは頭が悪い

なお、Ｗｅｂ3どころか、プログラミングやテクノロジー関係のことは苦手、もしくはこれから始めたいという方もいるのではないかと思います。

そうした方に覚えておいていただきたいのは「コンピュータは頭が悪い」ということです。

私が初めて触れたコンピュータは、１９７６年にＮＥＣから発売されたＴＫ‐80というワンボードマイコンでした。今のパソコンに慣れた方には想像つかないかもしれませんが、むき出しになった基板の横に、数字キーとＡ～Ｆの英字キー、8桁のＬＥＤ（発光ダイオード）が備わっているだけの、計測機器のような姿をしていました。

私がＴＫ‐80に興味を持ったきっかけは叔父からの手紙でした。当時高校生だった私は物理学にハマっていたのですが、ある週刊誌の切り抜きを叔父が送ってきてくれたのです。記事には、「コンピュータといえばこれまでは計算機センター[11]だったが、ＴＫ-80は自分の手元で動かせる画期的なコンピュータの時代だ」とか、「これからはハードウェアの時代ではなく、ソフトウェアの時代だ」といったことが書かれていたように記憶しています。面白そうなおもちゃだと感じた私はＴＫ-80を手に入れたいと思ったのですが、ＴＫ-80の値段は８万円。高校生が買えるようなものではなく（大卒初任給が10万円もない時代です）将来稼いで返すからと親を説得してＴＫ-80を手に入れました。

説明書通りにハンダ付けをして組み立て、電源を入れる。プログラムのサンプルとして掲載されていた数字の羅列（ＦＦ、１Ａ、３Ｄ……といった具合に、16進法の数字が並んでいました）をその通りに入力してみる。説明書に書かれているように、ＬＥＤが光る。

説明書通りにプログラミングして、起こったことは、たったこれだけです。８万円もしたコンピュータなのに、何がどうなっているのかさっぱりわかりません。

１か月ほど経った頃、自分が勘違いをしていたことに突然気が付きました。私は、コンピュータを人間の脳みそのようなものだと思い込んでいたのです。人間だったら「犬」という言葉を聞いた途端に犬の姿や鳴き声を思い浮かべたり、昔飼っていた犬のことを思い出したり、様々なことを連想しますが、コンピュータのCPUにそんなことはできません。メモリに記憶されたデータを一つずつ読み出して、そこに書かれている命令を単純に（忠実に）実行しているだけなのです。**つまりコンピュータというものを自分の思い通りに動くものにしたければ、プログラム上に、すべての命令をひとつ残らず書き込まなければいけなかったのです。**

そのことに気づいた途端、世界がさっと広がり、プログラミングに没頭する日々が始まりました。もちろん、TK-80は今のパソコンより大分性能は劣りますが、ボーリングやシューティングなど結構面白いゲームが作れました。

今は当然TK-80より高度なコンピュータも結構ありますが、思っているより「頭が悪い」ということに関しては、変わらないのではと思います。そうした認識を持っていれば、これからプログラミングを学ぼうという人も、つまずかずに習得していけ

11　大量の計算処理をするための「メインフレーム」と呼ばれるコンピュータが設置された場所。パソコンが普及する以前に置かれていた

るでしょう。

消費者にならない

このTK-80での原体験で大事だったのは、「消費者にならない」ということであったように思います。

私は、小学校のころから算数、理科が好きで、学研の小学生向け雑誌についてきた「電子ブロック」というものでラジオを作ったり、そのうち付録だけで満足できなくなり、秋葉原に行っていろいろと買っていました。

でも、この「ラジオを作る」という体験はあくまで「消費者」としての体験。説明書通りに組み立てればラジオは作れますが、新しいものは生み出せません。それに対してTK-80は、ソフトウェアなので新たなものが作れるわけです。そこがすごく楽しかったです。

現在もそうした感覚は変わらず、今多くの人がビットコインを買ったりNFTを買ったりしているので、私もやってみたのですが、面白くないのです。買う側ではなく、自分がNFTを発行するほうにならなければいけない。自分は消費者側では満足できなくて、クリエイター側にいなければならない。それは今でも同じです。

だから自分が興味を持ったり、やってみようと思ったものは、まず形にしてみるのです。

とはいえ、新しい技術の場合、最初はうまくいきません。

高校2年生になった私が、アスキーが発行するコンピュータ雑誌「ASCII」の編集部に出入りしていた頃のことです。当時は自分で書いたプログラムのコードを雑誌に投稿するという文化があり、TK-80用のコードを投稿しているうちに、プログラマー／ライターとして記事を書くようになったのです。

その頃、TK-80も拡張ボードを挿すことでテレビ出力ができるようになり、多くの情報を表示できるようになっていましたから、もっと本格的なシューティングゲームを作ろうと考えました。

TK-80用に「GAME」というプログラミング言語が発表されたので、これでプログラムを書いてみたのですが、とにかく速度が遅くてゲームになりません。GAMEはインタープリタ方式と呼ばれるタイプのプログラミング言語でした。インタープリタ方式のプログラミング言語は、ユーザーの書いたプログラムを機械語（コンピュータが直接理解できる命令の集まりで、人間には数字の羅列に見える）に逐一翻訳しながら実行します。いちいち命令を翻訳しながら実行するため、時間がかかってしまうのです。

どうすれば、処理速度を高めることができるか。プログラムを最初にまとめて機械語に変換し（コンパイルといいます）、それを実行すればよいのです。

そのためには、GAME言語で書かれたソースコードをコンパイルするソフトウェア（コンパイラ）が必要ですが、当時それが存在せず、作り方もわかりません。仕方がないので、TK-80の説明書、GAME言語の解説記事だけを参考に、試行錯誤しながらコンパイラを作っていきました。

GAME言語でGAMEコンパイラを書き、書き上げたGAMEコンパイラを使って、GAMEコンパイラのソースコード自体を機械語にコンパイルする……何だかとてもややこしく聞こえますが、現在のプログラミング言語も基本的に同様のやり方で開発されています。あとになってコンパイラの作り方には定石があることを知ったのですが、自分で苦労しながら開発した経験はその後のプログラミングでも生きてくることになります。

2か月ほど試行錯誤した末に完成したGAMEコンパイラを使うと、従来のGAME言語のプログラムを20～30倍のスピードで動かせるようになりました。「ASCII」で一緒にプログラムを書いていた相棒の高校生が作ったシューティングゲーム（当時話題になっていた「スター・ウォーズ」をイメージしていました）がスムーズに動くのを見た時には、言葉にできないほどの達成感を感じたものです。

世界初のCADソフトで3億円の収入を得る

もう一つ例を挙げます。

コンピュータの研究をするため早稲田大学理工学部に進んだ後も、私はアスキーの仕事を続けていました。大学3年生だった1983年に、アスキーから打診されたのがマウスを使ったソフトウェアです。その頃、アスキーは、マイクロソフトのビジネスを一緒に推進するパートナーとして日本でビジネスを展開しており、当時はマイクロソフト製のマウスを販売しようとしているところでした。

今でこそマウスは当たり前の入力デバイスになりましたが、当時は、真っ黒な画面にキーボードで打ち込んで操作をするのが普通でした。まったく新しい入力デバイスであるマウスを何に使えばよいのか、マイクロソフトもアスキーもよくわかっていません。マウスが欲しくなるようなソフトウェアのアイデアがないかと聞かれ、私はさっと手を挙げて自分が作ると宣言しました。

私が作ろうと考えたのは、CADソフトでした。マウスの何がすごいかといえば、直接画面上に線が引けることです。今までのパソコンはプログラムで座標軸を叩いて線を引かなければならず、手間がかかっていたのです。線を引くことが多い仕事は何かを考えた時に建築のCADを思い出しました。私の父親は建築士で一度だけ事務所でCAD専用機を見たことがありましたから、これをパソコンで動かせば欲しがる人は多いのではないか。といっても、CADソフトを見たのは一度きりですし、ましてや作ったことなどありません。しかし、CADで使うのは基本的に直線ですから、スムーズに直線を描画できさえすればCADソフトは使い物になるだろうと考えました。

その時、私はPC-9801を使いはじめていました。PC-9801は、NEC製のパソコンを直線を描画するための専用チップを搭載しているのが売りだったのですが、当時広く使われていたBASICというプログラミング言語で書いたプログラムを動かしてもそれほど速くなりません。自分はもう少し速く描画させることができるのではないかと思って、あえて専用チップを使わずに最適化されたプログラムを書いてみると、ものすごく速く描画できることがわかりました。[12]当時の私は直線を速く描くことのできるプログラムの開発にドップリとはまっていたのです。

この経験を活かし、画面上に図形を高速に表示してマウスで自在に拡大縮小することのできるデモプログラムを2週間ほどかけて作って、アスキーに持っていったところ、大喜びされてすぐに商品化しようということになりました。

発売されたCADソフト「CANDY」は、大ヒット。PC-9801用ソフトウエアの売上ランキングでは、かなり長いこと上位にいたことを覚えています。「CANDY」の売上は、おそらく全部で20億円にはなったでしょう。私がアスキーから受け取ったロイヤリティが、合計で3億円ぐらいになった記憶がありますから。おかげで大学院を卒業し、就職したての頃に、私は自分用のマンションを購入することができました。

「線を引く」というのは結構地味なことですし、独学でコンパイラを作るのも地味な

12　この時に行なった具体的な方法を書いておくと、CPUの動作に必要なクロックサイクル数（CPUは水晶が振動するタイミングに従って動作しており、実行する命令によって必要なクロックサイクル数が違ってくる）を数えながら、画面に直接描画するプログラムを機械語・アセンブラで書いた、ということです

作業です。

しかし、コンパイラを作ることで機械の動作を速くできれば、今までできなかったようなゲームが作れるようになる。コンパイラの向こうに、大きな変化があったのです。線を引くのも、速く描けるようになったからこそ、CANDYというソフトが動くようになる。

階段をちびちび上っていくような作業なのですが、だけど、一生懸命上った結果がすごく大きなジャンプを生み出すようなことが起こるのです。

新しいものの一次情報に触れる

私が10代の頃にこうした仕事ができた背景には、アスキーという場所の力もあります。

当時のアスキーには、最先端のコンピュータに関する情報が国内外から集まってきていました（これも今考えると隔世の感がありますが、当時は雑誌が最も強力なメディアで、様々な人や情報が集まってきていたのです）。

そしてインターネットの黎明期にも、最新の情報を得る機会がありました。

Windows95が出荷直前の最終調整の段階に入っていた1995年5月、ビル・ゲイツによる、"The Internet Tidal Wave"と題した社内メモが、幹部と直属の部下に向けて発表されました。このメモでは、これからインターネットという大波がやってきてあらゆる物事のルールを変えてしまうと述べられていました。

インターネットというものに興味を持った私が、Internet Explorerを担当していたベン・スリフカに話を聞いたところ、彼は「Netscapeという面白い会社があって、そこのウェブページを見ればインターネットがどうやって動いているかわかるよ」と教えてくれました。

Netscapeのウェブページを見た私は、ものすごい衝撃を受けました。Netscapeの創業者、マーク・アンドリーセンが書いたホワイトペーパーによれば、「デスクトップパソコン用アプリケーションの時代はもう終わり。これからはウェブアプリケーションの時代だ」というのです。私たちはものすごい苦労をしてWindows95を発売し、さあこれから次々とパソコン用アプリケーションが出てくるぞと期待しているのに、そっちの方向は間違っていると突然言われたわけです。

ブラウザさえあればパソコンにインストールせずに使えるウェブアプリケーション（以前はソフトウェアはすべてパソコンにインストールして使っていたのです）、サービスを提供するサーバーと、それを利用するクライアントとなるパソコンの間で、HTTPというプロトコル（通信規約）を使って通信をする――インターネットの時代になれば、アプリケーションの作り方が根本的に変わる。OSがコモディティ化される時代がくることに気付かされました。そして、そんなことが書かれたホワイトペーパーを読んでいるうち、私もインターネットサーバーとやらを作ってみたくなったのです。

インターネットサーバーのソフトウェアを作るのは思いのほか簡単で、3日ほどで動作させることができました。プログラムサイズはわずか30キロバイトほど。当時のインターネット技術は今よりはるかにシンプルで、私はそのシンプルな美しさに惚れ込みました。

マイクロソフト社内で自分の作ったインターネットサーバーのプログラム（私はマイクロサーバーと呼んでいました）を公開すると、興味を持った社員が次々と自分のパソコンにこのマイクロサーバーをインストールして、サーバーを立ち上げるようになりました。自分が使っているパソコン内のファイルを社内に公開して共有するということがいとも簡単にできるようになったのです。飼っている犬の写真を公開する人もいれば、いらないモノを公開して社内で売ろうとする人も。不思議なコミュニティがマイクロソフト社内に作られるようになりました。

社内でマイクロサーバーが流行するのを見た私は、このプログラムをWindows95に同梱して発売したいと考え、副社長のブラッド・シルバーバーグに直接プレゼンしました。ブラッドも乗り気になったのですが、残念ながら別部署が開発していた別のサーバープログラムとの兼ね合いでマイクロサーバーのプロジェクトは立ち消えになってしまいました。

最終的に製品化はされなかったものの、当時マイクロソフトに務めていた人であっても、Netscape社のホワイトペーパーを見にいった人は、そういなかったのではないでしょうか。その意味に気がついた人はマイクロソフトを辞めてしまったと思います。

関心をもったことには、できるだけ早く一次情報に触れ、実際に試してみるという、私の行動が、実を結んだこともあります。

マイクロソフトをやめた私は、すでにマイクロソフトを退職し、Ignitionというベンチャーキャピタルを起ち上げていたブラッド・シルバーバーグに誘われ、ベンチャーキャピタルで仕事をするようになりました。

Ignitionでは、ワイヤレス関連のソフトウェアを手がけるスタートアップ企業への投資を中心事業としていました。まだスマホは登場していませんが、これからは携帯電話網を介してインターネットに接続する時代が来るとシリコンバレーの起業家たちは考えていたのです。

日本ではドコモがiモードという非常に面白いサービスを展開しているだとか、サン・マイクロシステムズが携帯電話にJavaというプログラミング言語環境を載せようとしているとか、次々にニュースが入ってきます。2000年といえば、まだポケベルも現役で使われていた時代です。モバイルといっても、iモード対応の携帯電話でウェブページを見るくらいでした。しかし、その先にはあらゆる人々が持っている携帯電話でいつでもインターネットに接続する時代がやって来る。私もモバイルの可能性にワクワクしました。

いったい何を作れば面白いだろうか？

やはり手を動かしてみなければわからないということで、サン・マイクロシステムズの提供しているＪａｖａの開発環境を自分のパソコンにインストールして、携帯電話用アプリを作ってみることにしました。Ｊａｖａのプログラムが動くといっても、当時の携帯電話で許されていたのはせいぜい30キロバイトほど。これではちゃちなゲームくらいしか作れません。

Windowsであれば、アプリケーションはＯＳに備わっている豊富な機能を呼び出して利用できます。ウィンドウやボタンを表示したり、きれいなグラフィックを描画できるのもＯＳの機能を呼び出しているからです。

携帯電話には十分なストレージ（記憶装置）もメモリもありませんから、パソコンのＯＳが持っている豊富な機能を使えない。それならば、複雑な機能を提供するライブラリ本体はインターネット上のサーバーに置いて、携帯電話上のアプリから必要に応じてそれらの機能を呼び出すようにすればよいのではないだろうか。

そう考えて、まさにそれを実現するUIEngineというプログラムの開発に着手しました。プロトタイプができたところでブラッド・シルバーバーグに見せ、「私はこのプログラムで起業したいので、投資してください」とプレゼンしました。彼はほとんど即座にＯＫしてくれ、私はUIEvolutionという会社を立ち上げることになりました。

UIEngineは、ディズニーやスポーツニュースチャンネルのＥＳＰＮ、ＫＤＤＩなどが採用するほどのビジネスになっていきました。２００４年、モバイルゲームを強化しようと考えた米スクウェア・エニックスがUIEvolutionを買収。私は米スクウェア・エニックスでチーフアーキテクトとして、UIEngineを使ったモバイルやセットトップボックス[13]向けのソリューションを開発していました。ちなみに、UIEvolutionは２００７年に米スクウェア・エニックスが手放して私が買い戻し、その後自動車向けのユーザーインターフェイスを提供する会社へと転換することになります。社名もXevoに変更し、全米トヨタの全新車にXevoの提供する自動車とスマートフォンを連携させるソフトウェアが採用されました（その後、私は２０１９年に同会社を3億２０００万ドル（当時の相場で約３５０億円）で売却しています）。

「手伝い」でも関心のある部署にかかわろう

話をマイクロソフトの時代に戻します。

私がマイクロソフトで開発したマイクロサーバーは製品化はされませんでしたが、私はすっかりインターネットに夢中になりました。サーバーがダメなら、今度はパソコン用のブラウザを作ってみるか。そう考えて Internet Explorer チームのベン・スリフカのところに行き、彼を手伝うことにしました。

Spyglass 社のライセンスを受けた Internet Explorer のソースコードを見せてもらったところ、ものすごく汚いのです（ここでいう「汚い」というのは、ソフトウェアの構造が論理的に整理されていないことを指します）。ウェブブラウザのユーザーインターフェイス部分と、ＨＴＭＬを表示する部分などがごちゃごちゃになっていて酷いものでした。

仕方がなく、Internet Explorer のソースコードに手を入れ始めたところ、Netscape

13　ディスプレイに接続して動画などを表示させる機械のこと

がブラウザの新バージョンNetscape Navigator 3.0を発表しました。このバージョンでは、一つのウェブページ内に複数ページの内容を表示できるフレームセットという機能が搭載されていました。これが人気機能になることは明らかでしたが、チームは「Microsoft Plus!」に入れるためのInternet Explorer 2.0の開発作業に忙殺されており、フレームセットの機能を追加する余裕がありません。ベンは「Internet Explorer 3.0の開発作業にチームが取りかかり始める時に、フレームセット機能のベータ版が動作していれば採用するよ」というので、私はものすごく頑張って1995年の年末までにプログラムを書き上げました。その結果、私がフレームセットの機能を実装したIneternet Explorer 3.0は、1996年8月に公開されました。

実をいうと、私はこの時点でもまだWindows95チームに属しており、勝手にInternet Explorer 3.0の開発を手伝っていたのですが、Windowsチームでは、次バージョンのOS（この時点では「Windows97」と呼ばれていました）にどんな機能を搭載するかの議論が進んでいました。Windowsチームは、Windowsをあくまでパソコンを使いやすくするOSだと捉えて、写真管理ソフトを追加したり、グラフィック機能を強化しようと考えていました。

一方、私はインターネットに惚れ込んでいましたし、Internet Explorer のソースコードをいじってブラウザの中身もわかっていましたから、Windows と Internet Explorer を統合すれば面白いのではないかと思いつきました。例によって私は仕様を誰かに相談することなく、実際に動くプロトタイプをさっさと作って Windows チームに見せました。ファイル管理を行なうエクスプローラからもウェブページが開けるところをデモすると、Windows97に搭載する新機能候補のリストに入れてもらえることになりました。

ある日、Windows97の新機能候補が500項目くらいあることを見た副社長のブラッド・シルバーバーグは激怒します。ビル・ゲイツが5月に、これからは全力でインターネットに取り組むといっているのに、何が写真管理ソフトだというのですね。そして、このリストの中で唯一やる価値があるのは、Windows と Internet Explorer の統合だけだと言ったのです。

当時のマイクロソフト社内で、インターネットに興味を持ったプログラマーはさっさと Netscape などに転職していましたし、残っていた人は目の前にある Windows の改良だけを考えていました。インターネットに興味を持ちつつも、マイクロソフトに残っていた私はユニークな立ち位置にいたといえます。

「Windows98」として発売された新バージョンの目玉は、私が提案して実装したOSとブラウザ（Internet Explorer 4.0）の統合でした。この結果、マイクロソフトは、インターネットブラウザで先行していたNetscapeを打ち破るところまでの成果を挙げました。OSとブラウザの統合といったアイデアを思いつき、製品化までできたのも、私がインターネットの可能性を信じ、手を動かし続けたからこそのことだと考えています。

なお、1997年にマイクロソフトは米司法省から独禁法で訴えられることになりますが、その理由はOSとブラウザの抱き合わせ販売（「Windows95」と「Microsoft Plus!」のセット販売をパソコンメーカーに強要した）というものでした。1998年にはWindows98も提訴の対象になり、マイクロソフト分割の議論にもつながっていきます。今でもマイクロソフト時代の同僚に会うと、「中島のせいでマイクロソフトは10億ドルの罰金を払わされた」と冗談交じりに言われます。

iPhoneの衝撃と、Web2.0のビジネスの難しさ

UIEvolutionを起業し、経営者や投資家として活動する一方、私は相変わらずプログラマーとして自分の作りたいソフトウェアを作り続けていました。ただモバイル向けソリューションはこれからあまり伸びないのではないか、次にやってくる波は何だろう、そんな風に考えていたところに登場したのが2007年に登場したiPhoneです。

私にはiPhone向けにぜひとも作りたいアプリのアイデアがあったのです。2000年代初期にモバイル向けソリューションを手がけていた頃、J-Phone（現ソフトバンク）の「写メ」携帯電話の企画を立てた人と話す機会がありました。写メは流行語にもなっていましたが、携帯電話が売れているだけでなく、ユーザーの撮った写真を保管する有料ネットサービスを提供したところ、こちらも大変な人気だと語っていました。iPhoneを見た途端、この話を思い出したのです。

どうせ作るなら写真をネットに保存するだけでなく、ほかのユーザーとシェアでき

るようにしよう。すぐにアプリ開発に取りかかり、アップル公式のApp Storeのオープンに間に合わせることができました。最初のアプリラインナップとして紹介されたこともあり、私の作った「PhotoShare」はApp Storeができてから2年間ずっとSNS部門でトップでした。

私が思い付いたPhotoShareのビジネスモデルは、アプリ本体は無料で提供し、写真のフィルターを1ドルや2ドルで販売するというものでした。フィルターで加工された写真を投稿すると、写真の横にボタンがつきユーザーはその場でフィルターを買うことができます。一時期は、アクティブユーザーの3割がフィルターを購入していたほどです。

写真を投稿すると、他のユーザーはその写真にコメントを付けることができる。単純な仕組みですが、中学生や高校生はこのアプリに夢中になりすぎて、いくつかの学校では使用が禁止されたこともあったそうです。

PhotoShareクイーンとでもいうべき可愛い女の子たちが写真を投稿すると、男の子たちは我先にコメントする。注目を集めるために裸の写真を投稿するユーザーも出てきて、私は管理画面からそういう写真を消して回るという作業をしていたこともあります。PhotoShareのコミュニティはアットホームで居心地良く、私もユーザーのオフ会に参加したりしました。PhotoShareをきっかけに結婚したカップルもたくさんおり、そういう人たちは私のことを仲人のように思っていたみたいですね。今でもよい思い出です。

しかし、PhotoShareのビジネスはやがて終わりを迎えることになりました。最大の理由はインスタグラムの台頭です。私はベンチャーキャピタルからの投資は受けずにPhotoShareを運営していましたが、インスタグラムは先行サービスをよく研究していたのでしょう。ベンチャーキャピタルから資金を調達してフィルターを無料で配布し、派手なCMを次々に打ちました。これによって、PhotoShareからインスタグラムへ一気にユーザーが流れていってしまいました。あれよあれよという間に今度はフェイスブックがインスタグラムを買収し、そこで勝負ありです。

ユーザーの情報やコンテンツを利用するWeb2・0のビジネスにおいては、まず赤字を垂れ流してでもたくさんのユーザーを確保する。いったんユーザーさえ確保してしまえば、広告を入れて収入を稼いだり、大手企業に売却するという選択肢をとることができます。PhotoShareについてもベンチャーキャピタルからの打診はあったのですが、私はフィルターの収益で儲けていこうと考えてしまいました。今から思えば、あの時に投資を受けて成長を狙うべきだったのです。

その後も会社経営のかたわら、私はプログラマーとして試行錯誤を繰り返していました。

２０１０年にiPadが出た時には、Apple Pencilの手書き機能を活かしたお絵描きアプリやＰＤＦに注釈を書き込むアプリを開発しましたし、iPhoneでマンガを縦読みできるアプリを作り、コンテンツビジネスを手がけてみたりもしました。また、縦スクロールで次々と動画が表示される、ティックトックのようなアプリも開発したりしました。

様々なアプリをリリースする中で痛感したのは、いわゆるＷｅｂ２・０ビジネスの難しさです。

Ｗｅｂ２・０サービスを展開している多くの企業にとって、本当のお客とはサービスを使うユーザーではなく広告主です（もちろん、ユーザーからの課金をメインとしたビジネスもあります）。サービスを魅力的にしてたくさんのユーザーを集めることで、広告主がどんどん出稿して儲かるという仕組みです。Ｗｅｂ２・０企業が一生懸命エサを撒いて魚を漁場に集めると、そこに本当のお客である釣り人がやってくるというわけですね。

経営者として私はこうしたビジネスモデルが必ずしも悪いとは思いませんが、一ユーザーとして自分の情報やコンテンツがビジネスに利用されるのを不快に感じ始めていました。

また、Ｗｅｂ２・０のビジネスは大量のユーザーを確保するために莫大な資金を必要とします。消耗戦に耐えうるだけの資金力を持った大企業かベンチャーキャピタルの投資がない限り成立しません。

パソコンやウェブの黎明期に私がやっていたように、個人の発想でソフトウェアを作り、それを元にビジネスを行なうことはとても難しくなっていたのです。

そんな時触れたのが、Ｗｅｂ３という新しい波でした。

新しい時代に飛び込める人が本当のWeb3を作っていく

第3章でもお話ししたように、現在の私はWeb3の新たなプロジェクトに取り組んでいます。

オンチェーン・アセットストアや、そこにSVGデータを載せるためのアルゴリズムをGitHub[14]で公開したところ、Web3業界のソフトウェアエンジニアからコンタクトがくるようになりました。フルオンチェーンで画像を扱うニーズがあることは確実だと思っていましたから、やはり私の読みは正しかったようです。

それからまもなく、NounsにおいてComposability（複数の画像を組み合わせて新たな画像を作ること）の開発を計画しているメンバーからも協力を要請されるようになりました。

フルオンチェーンのジェネラティブアートやComposabilityは、ブルーオーシャンだと思っていましたが、自分以外にもこの分野に目を付けていたソフトウェアエンジニアたちがいたのです。

こうした出会いが次々と起こるのは、やはりオープンソース開発[15]の素晴らしさでしょう。

私は、Web3に関わる開発をすべてオープンソースで行なっています。主な理由は、**「信頼を得られること」「丁寧な仕事をするようになること」「他人からの協力を得られること」**にあります。

まず、信頼についてですが、Web3では様々なシチュエーションで他人のデプロイしたスマートコントラクトを呼び出すことになります。NFTをミントする際もそうですし、自分の作ったスマートコントラクトから他人のスマートコントラクトを呼び出すこともあります。ソースコードが公開されていないスマートコントラクトは何を行なっているのかわからず、安心して使うことができません。それならば、すべてのスマートコントラクトを最初からオープンソースで開発するのが理に適っていま

14 ソースコードを管理・共有することができるウェブ上のサービス
15 ソースコードが無償で公開されており、誰もが自由に利用・改変・再配布できるようになっていること

す。

2番目の「丁寧な仕事」ですが、私は「とりあえず動くものを作り、後から徐々にきれいなコードにする」というスタイルです。

しかし、オープンソースで公開するからには、「とりあえず動くから十分」といって放置しておくことはできません。ふだんよりも手間をかけて、よいアーキテクチャにしたり、他人に読みやすいコードを書くよう心がけることになります。これが結果的に丁寧な仕事につながるというわけです。

3番目の「他人からの協力」は、オープンソースにすれば必ず得られるというものではありませんが、上手に情報発信をしたり、コミュニティを作ったりすることができれば、優秀なソフトウェアエンジニアと出会うチャンスも増えます。コードのレビューから、実際のコーディングまで、様々な形で手伝ってもらえるようになるでしょう。

私が取り組んでいるオンチェーン・アセットストアでも、プロジェクトに貢献してくれる人が何人か出てきました。

なかでも印象深かったのが、SVGデータを作成する編集アプリを開発していた時の出来事です。

私の作ったベクトルデータをSVGデータに変換する仕組みでは、十分な性能が出ておらず、複雑な画像を扱ったり複数の画像を組み合わせたりするためには、根本的な改良が必要だと認識はしていました。そんな時、コミュニティの中の人から、70%以上の効率化を実現する提案をもらったのです。それは、Solidityで書かれたプログラムの間に、機械語に近い形で書かれたプログラムを挟む、インラインアセンブラという手法を使っていました。私もインラインアセンブラについて勉強して、提案されたコードを自分でも納得できる形に書き換えて採用しました。そんな学びの機会があるのも、オープンソース開発の素晴らしいところです。

来るべきWeb3の世界で

投機的なNFTバブルやX2Earnゲームのポンジスキームが問題視されるようになり、Web3に疑問を持つ人が増えてきています。

非集権のWeb3はみんなに恩恵をもたらす、といったビジョンは実現されておらず、利益を上げているのは一部のインフルエンサーや富裕層に限られています。

「これからはWeb3」と積極的な投資を行なっている、ベンチャーキャピタルの主張にも疑問が投げかけられるようになってきました。a16zなどのベンチャーキャピタルはスタートアップ企業に莫大な投資を行なってWeb3時代のGAFAM作りを進めようとしています。有望な企業に一人勝ちさせて大きなリターンを得ようというのが彼らの狙いですが、本来Web3が目指していたのは、そんな世界だったのでしょうか。

巨大な影響力を振るい、独占的な地位を確立したWeb3企業。そんな中央集権的な存在は、非集権的な世界とまったく相容(あいい)れません。「なんちゃってWeb3アプリケーション」で市場シェアを取ったところで、それは現在のビッグテックによる支配と何ら違いはありません。

Web3による恩恵とは、エンジニアやアーティストの作ったものが消費者に直接届けられる、ピンハネのない世界です。

これは、参加者はみんな無償のボランティアであるべきといったことをいっているのではありません。

私がたどり着いた答えは、第3章で紹介した非営利法人とトークンを活用したインセンティブモデルです。

経営に関しては、従来の組織と同様、ビジョンを持った人間のリーダーシップで行なう。サービスの目的は、利益ではなく「社会に価値を提供する」ことを優先する。そして、株式の上場や企業の売却といったエグジットは目指さない。

DAOを使って数多くの非営利法人が立ち上がり、かかわる開発者たちはNFTや暗号資産などで報酬を受け取れる。それこそが、来るべきWeb3の世界ではないでしょうか。このような形でサービスが提供されるのであれば、現在のような特定企業に力が集中する状況も防ぐことができるでしょう。

それが、Web3時代にふさわしい、仕事、生き方ではないでしょうか。

もちろん、現在のWeb3技術でこうしたビジョンをすぐに実現できるわけではありません。ブロックチェーンやスマートコントラクト自体のアーキテクチャを改良して、処理性能や扱えるデータの種類、容量を増やすことが不可欠なのはすでに述べた通りです。しかし、目指すべき方向が見えてくれれば、技術的な課題はいずれ解決するだろうと私は楽観的に考えています。

黎明期の分野に飛び込んで、コードを書く。そんなソフトウェアエンジニアが増えてくれれば、本当のＷｅｂ３に近づいていくはずです。

おわりに

ポンジスキームであるにもかかわらず、数多くの人が、本書でも説明した「Play2Earnゲーム」のようなサービスに熱狂してしまうのは、そこに「トークンエコノミー」という「魔法の錬金術」が存在するからです。

トークンエコノミーとは、Play2Earnゲームなどのサービス提供者が発行する「独自通貨」（アプリコイン）により生まれる新たな経済圏のことで、上手に運営すれば、少なくとも一時的には、莫大な利益を運営元と先行者（サービスを最初の頃から使っていた人たち）に与えます。

第2章でも触れましたが、「Play2Earnゲーム」の場合だと、ゲームを遊ぶことにより得られる賞金をゲーム内通貨で支払い、かつ、ゲーム内でその通貨を消費する仕組みを作ることにより、独自の経済圏が作られます。この独自通貨によって作られた経済圏こそが、トークンエコノミーです。

トークンエコノミーの運営側にとっての利点は以下のようなものです。

・ＮＦＴの売上を賞金としてユーザーに還元する必要がない

・「ユーザー数が増えると、ゲーム内通貨の価値が上がって先行者が儲かる」というインセンティブにより、先行者たちがインフルエンサーとして自ら宣伝してくれる。

・実際に儲けている先行者たちを見て、「自分たちも楽して儲けたい」というユーザーが集まってくる。

・株の代わりにゲーム内通貨をベンチャーキャピタルに渡すことにより、株の希薄化を最小限に抑えられる。

2021年から2022年にかけての「ブーム期」に活躍したWeb3ベンチャーの大半が、このトークンエコノミーを活用して、ユーザーを増やし、ベンチャーキャピタルから潤沢な資金を調達することに成功したのです。まさに、Web3ベンチャーにとっての「魔法の錬金術」なのです。

しかし、何度も繰り返しているように、そのビジネスの本質は「ユーザーが増え続けている間だけ先行者が儲けることができる。みんなが儲かると信じて集まり続けている限りは通貨の価値が上がり続ける」空虚なビジネスであり、いつかは必ず破綻するポンジスキームなのです。

問題は、この「トークンエコノミーを活用したユーザーの獲得と資金調達」こそが、現時点でＷｅｂ３でビジネスを立ち上げようとする起業家にとって、もっとも手堅い成長への鍵であり、そこに起業家と投資家の両方の意識が集中している点にあります。現時点での、Ｗｅｂ３のキラーアプリケーションと言ってもよいぐらいです。

別の言い方をすれば、Ｗｅｂ３は、ベンチャー企業をアコギな金儲けに走らせる分、「金儲けと相性が悪い」ともいえるのです。起業家にとっては、手っ取り早くユーザーが確保できて資金調達ができるビジネスモデルが魅力的なのは当然だし、そこに投資家のお金が集まるのも当然なのです。

これこそが、今のＷｅｂ３業界がトークンエコノミーを活用したポンジスキームだらけな理由であり、私が「Ｗｅｂ３業界はまだまだ黎明期だ」と私が指摘する理由なのです。

こんなことを指摘すると、「Ｗｅｂ３に未来はない」「ブロックチェーンは実は役に立たない技術なのではないか」という印象を受けてしまう人も多いと思いますが、私はそんなことはないと思います。

「一度書き込んだ情報は、誰にも書き換えることも隠蔽することもできない」というブロックチェーンの性質は、税金などの公的資金の使い道をオープンにして汚職や賄賂を排除するには最適の技術だし、映像作品のように数多くの人たちが集まって作る作品の売上を透明性を持って手間をかけずに配布することもできます。

また、不動産取引のように、従来型のシステムでは「信頼できる第三者」が必須な取引を、「信頼できる第三者」が不要なTrustlessな取引に進化させることすら可能なのです。

その意味では、今起こりつつある「クリプトの冬」は、**Ｗｅｂ３業界が「子ども」から「大人」に成長する過程で避けては通れない時期**なのだと私は解釈しています。

ＴｅｒｒａやＦＴＸの破綻を見ても分かる通り、いいかげんなもの、いかがわしいものは長続きはしません。最終的に勝ち残るのは、ブロックチェーンを活用して価値を世の中に提供するサービスだけであり、そんなサービスの構築にエンジニアとしてかかわりたいと私は考えています。

ひょっとすると、そんなサービスを運営する主体は、従来型の（ベンチャーキャピタルから運営資金を集めて、上場や売却により投資家と創業者に利益をもたらすという）営利ベンチャーとは大きく異なる形のものになるのかもしれないとすら考えています。それどころか、サービスの主体すら存在せず、ブロックチェーン上にデプロイされたソフトウェアが、自律的に動いて世の中に価値を提供し続けている、という世界が来ても不思議はないと考えています。

それこそが、Ｗｅｂ３の提唱者たちが熱く語っていた、Decentralized で Trustless なＷｅｂ３の究極の形であるならば、そんなソフトウェアをブロックチェーン上に刻み込むことこそが、ソフトウェア・エンジニアとしての冥利に尽きると考えている私です。

Ｗｅｂ２・０での成功は、大きな利益を出し、ベンチャーキャピタルに投資してもらって、さらに事業を拡大させることでした。日本であれば、上場して、六本木ヒルズに会社を構えて、メディアに大きくとりあげられるようなことだったかもしれません。

しかし、**Ｗｅｂ３での「成功」は、利益よりも「社会的な価値」をどれだけ出せる**

かにあります。

新しい技術が出てきたときに、伸びていくのは外から来たプレイヤーです。

たとえば、アマゾンが進出してきたときに、国内の書店がアマゾンと同等のウェブ販売を始めることはありませんでした。

今回も、今とは違うまったく違うプレイヤーが登場し、彼らが業界をシフトさせていくでしょう。ある意味でこれはチャンスになります。

Ｗｅｂ３バブルが崩壊し、冬の時代に入ったことは、むしろよかったと思っています。

ベンチャーキャピタルからの資金がポンジスキームで回しているような会社が淘汰され、その後で、Ｗｅｂ３を使って社会に対する価値を追求しようとするビジネスが生れてくる。

そんな未来のために、私は今コードを書いています。

中島　聡

著者：中島聡（なかじまさとし）

エンジニア（元米マイクロソフトエンジニア）・起業家・エンジェル投資家。早稲田大学大学院理工学研究科修了の後、ワシントン大学でMBAを取得。1985年に大学院を卒業しNTTの研究所に入所し、1986年にマイクロソフトの日本法人（マイクロソフト株式会社、MSKK）に転職。1989年には米国マイクロソフト本社に移り、ソフトウェア・アーキテクトとしてマイクロソフト本社でWindows 95とInternet Explorer 3.0/4.0を開発。Windws95に「ドラッグ＆ドロップ」と「（現在の形の）右クリック」を実装したことによって、両機能を世界に普及させる。後に全米ナンバーワンの車載機向けソフトウェア企業に成長するXevo（旧UIEvolution）を2000年に起業し、2019年に352億円（3億2000万ドル）で売却。元EvernoteのCEOが立ち上げたmmhmmの株主兼エンジニアを務めつつ、フルオンチェーンのジェネラティブアートの発行など、Web3時代の新たなビジネスモデルを作るべく活動している。堀江貴文氏に「元米マイクロソフトの伝説のプログラマー」と評された。

シリコンバレーのエンジニアはWeb3（うぇぶすりー）の未来（みらい）に何（なに）を見（み）るのか

2023年1月10日　初版第1刷発行

著　者　中島 聡（なかじま さとし）
発行者　小川 淳
発行所　SBクリエイティブ株式会社
〒106-0032 東京都港区六本木2-4-5
電話 03-5549-1201（営業部）

装丁　小口翔平／畑中茜（tobufune）
本文デザイン　荒井雅美（トモエキコウ）
校正　鴎来堂
編集協力　山路達也
企画協力　乙丸益伸（編集集団WawW! Publishing、Twitter：@masumasu_o）
カバー写真　大参久人
本文DTP　株式会社RUHIA
編集担当　多根由希絵
印刷・製本　三松堂株式会社

本書をお読みになったご感想・ご意見を書きURL、
または左記QRコードよりお寄せください。
https://isbn2.sbcr.jp/17868

ISBN978-4-8156-1786-8